# 铀矿山环境调查与生态修复

高　柏　孙占学　马文洁　著

中国原子能出版社

## 图书在版编目（CIP）数据

铀矿山环境调查与生态修复 / 高柏，孙占学，马文洁著.
— 北京：中国原子能出版社，2020.12
ISBN 978-7-5221-1115-5

Ⅰ. ①铀… Ⅱ. ①高… ②孙… ③马… Ⅲ. ①铀矿床－矿
山环境－生态恢复－研究 Ⅳ. ①X322

中国版本图书馆 CIP 数据核字（2020）第 234787 号

### 内容简介

本书通过铀矿山水环境、土壤环境、空气环境以及铀矿山下游河流放射性环境调查，评价环境中放射性核素、重金属等污染程度及其对生态环境辐射风险，对我国硬岩型铀矿山的生态环境保护研究具有重要的理论意义，对铀矿山退役及其环境治理具有指导作用。

本书可作为高校本科生、研究生教学和研究的参考书，也可作为从事铀矿山环境研究的科研人员、工程技术人员工作参考书。

**铀矿山环境调查与生态修复**

| | |
|---|---|
| **出版发行** | 中国原子能出版社（北京市海淀区阜成路 43 号　100048） |
| **策划编辑** | 韩　霞 |
| **责任编辑** | 韩　霞 |
| **装帧设计** | 赵　杰 |
| **责任校对** | 宋　巍 |
| **责任印制** | 赵　明 |
| **印　　刷** | 北京金港印刷有限公司 |
| **经　　销** | 全国新华书店 |
| **开　　本** | 787 mm×1092 mm　1/16 |
| **印　　张** | 10　　　　　　　　**字　　数**　220 千字 |
| **版　　次** | 2020 年 12 月第 1 版　2020 年 12 月第 1 次印刷 |
| **书　　号** | ISBN 978-7-5221-1115-5　　　**定　　价**　**80.00** 元 |

**发行电话：010-68452845**

# 《铀矿山环境修复系列丛书》
## 主要作者

孙占学　　高　柏　　陈井影　　马文洁
曾　华　　李亦然　　郭亚丹　　刘媛媛

## 此套丛书为以下项目资助成果

河北省重点研发计划（18274216D）
核资源与环境国家重点实验室（Z1507）
江西省双一流优势学科"地质资源与地质工程"
江西省国土资源厅（赣国土资函〔2017〕315号）
江西省自然科学基金（20132BAB203031、20171BAB203027）
国家自然科学基金（41162007、41362011、41867021、21407023、21966004、41502235）

核军工是打破核威胁霸权、维持我国核威慑、维护世界核安全的有效保障。铀资源是国防军工不可或缺的战略资源，是我国实现从核大国向核强国地位转变的根本保障。铀矿开采为我国核能和核技术的开发利用提供了铀资源保证，铀矿山开采带来的放射性核素和重金属离子对生态环境造成的风险日益受到政府和社会高度关注，铀矿山生态环境保护和生态修复被列入《核安全与放射性污染防治十三五规划及 2025 年远景目标》。

创办于 1956 年的东华理工大学是中国核工业第一所高等学校，是江西省人民政府与国家国防科技工业局、自然资源部、中国核工业集团公司共建的具有地学和核科学特色的多科性大学。学校始终坚持国家利益至上、民族利益至上的宗旨，牢记服务国防军工的历史使命，形成了核燃料循环系统 9 个特色优势学科群，核地学及涉核相关学科所形成的人才培养和科学研究体系，为我国核大国地位的确立、为国防科技工业发展和地方经济建设作出了重要贡献。

为进一步促进我国铀矿山生态环境保护和生态文明建设，东华理工大学高柏教授团队依托核资源与环境国家重点实验室、放射性地质国家级实验教学示范中心、放射性地质与勘探技术国防重点学科实验室、国际原子能机构参比实验室等高水平科研平台，在"辐射防护与环境保护"国家国防特色学科和"地质资源与地质工程"双一流建设学科支持下，针对新时期我国核工业发展中迫切需要解决退役铀矿山放射性废物治理和生态环境保护等重要课题进行了系列研究。主要成果包括典型放射性污染场地土水系统中放射性污染物的时空分布特征和迁移转化机制，识别影响放射性污染物时空分布的关键因子，建立土水系统中放射性污染物时空分布的量化表达方法；研发放射性污染土壤高效化学淋洗药剂和功能化磁性吸附材料，识别影响化学淋洗和磁清洗修复效果的关键因素，研发铀矿区重度放射性污染土壤化学淋洗技术、磁清洗技术以及清洗浓集液中铀的分离回收利用与处置技术；筛选适用于放射性污染场地土壤修复的铀超富集植物，探索缓释螯合剂/微生物/植物联合修复技术；应用验证放射性污染场地的土—水联合修复技术集成与工程示范，形成可复制推广的技术方案。

　　这些成果有助于解决铀矿山放射性污染预防和污染修复核心科学问题，奠定铀矿山放射性污染治理和生态保护理论基础，可为我国"十四五"铀矿区核素污染治理计划的顺利实施提供重要的理论基础和技术支撑。

# 前言
PREFACE

自 20 世纪 90 年代以来，我国铀矿勘查战略调整为主攻北方砂岩型铀矿，陆续探明了一批大型和特大型砂岩型铀矿床，砂岩型铀矿已成为我国目前铀矿开采的主要类型。硬岩型铀矿床经过近 60 年的开采，一些埋藏浅、品位高、易开采、矿体规模大或较集中、浸出性能较好的矿床已基本结束。受可开采储量小、矿石品位偏低、地质条件复杂、产业集约化低等因素影响，低品位、难处理的资源多属于采冶工艺技术复杂、生产效率低、单位成本高、建设难度大，目前硬岩型铀矿床已逐步进入关停退役状态。

为满足国家铀矿冶设施退役整治工程和铀矿冶环境辐射防护等行业技术需求，东华理工大学矿山环境污染控制与修复团队聚焦我国退役铀矿矿山土壤和地下水典型污染场地，系统地探索铀矿山土—水系统中核素的赋存状态和迁移转化机制、研究污染场地土壤磁吸附分离技术、化学淋洗技术和植物修复技术、铀矿山尾矿库渗漏水原位修复 PRB 处理技术和地浸开采退役矿区地下水原位—异位协同生物修复等关键技术和理论。梳理最新研究成果撰写了铀矿山环境调查与修复技术系列丛书。

本丛书是团队成员集体劳动成果和智慧结晶。首批出版《铀矿山环境调查与生态修复》（高柏、孙占学、马文洁著）、《铀矿山土壤中铀的污染特征及迁移转化机制》（陈井影著）、《铀矿山污染土壤处理理论与技术》（李亦然、高柏著）、《铀矿山土壤生物修复理论与技术》（陈井影、高柏著）、《地下水铀污染处理材料可控制备及其处理》（曾华、郭亚丹著）、《铀矿山地下水污染原位修复理论与技术》（马文洁、孙占学、高柏著）等 6 部专著。

参与工作人员有：沈威、张海阳、林聪业、蒋文波、付慧平、高杨、易玲、凌蕙兰、廉欢、冯明明、李艳梅、汪勇、蒋经乾、姚高扬、丁小燕、张春艳、徐魁伟、牛天洋、吴瀛灏、周秀丽、宫志恒、李晨曦、姚逸晖、谈施佳、侯凯、于艺彬、刘圣锋、史天成、方正、丁燕。

本系列研究得到江西核工业二六一大队、中核第四研究设计工程有限公司、核工业二九〇研究所、广东省核工业地质局辐射环境监测中心等单位给予通力合作支持及汤国平、张运涛、庞文静、成霖、马立奎、朱乐杰、连国玺、杨斌、曹凤波、李冠超、蒋涛等专家给予的关怀和指导。笔者致以诚挚的谢意！

# 目 录
## CONTENTS

# 第1章

# 绪　论

## 1.1　我国核电发展对铀资源需求与供给

中国核电产业起步于 20 世纪 80 年代初，目前中国核电站建造技术已进入成熟阶段。根据 2012 年 10 月国务院通过的国家《核电中长期发展规划（2011—2020）》，到 2020 年核电装机容量将达到 5800 万 kW，在建 3000 万 kW。基于中国国民经济发展状况，国内外机构和学者[1]对 2021 年到 2030 年中国核电规模目标发展趋势进行预测（见图 1.1），到 2030 年，我国核电装机容量将达到 1.0 亿～2.0 亿 kW。

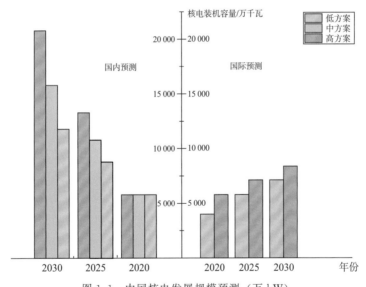

图 1.1　中国核电发展规模预测（万 kW）

（资料来源：潘自强等，2015；（IAEA）《红皮书》2014）

按照中国确定的充分利用"两个市场、两种资源"以及核电发展 3 条渠道"国内保障三分之一、国际贸易三分之一和海外铀资源开发三分之一"的基本保障原则，潘自强等[1]通过设定核定对外依存度，预测了到 2030 年国内生产、海外开发和国际贸易各自的铀资源需求量，在高、中、低 3 种发展规模下，到 2030 年 3 条渠道的铀资源消耗量为 334 704 tU、402 561 tU 和 487 379 tU[2]。

全球现查明的铀矿资源量共计 614.26 万 t，主要分布在全球 14 个国家，2019 年全球的铀产量为 5.37 万 t，其中哈萨克斯坦的铀产量最高，占据 41.66%（见图 1.2），其次为加拿大（12.67%）和澳大利亚（12.08%）。根据全球现有及在建、计划建设核反应堆的数量保守推测，全球对铀的年需求量将在 2030 年达到 8.00 万 t～14.85 万 t。然而，我国 2019 年的铀产量仅占全球总产量的 3.44%，共计 1885 t，2025 年国内需求预计可达到 1.85 万 t，到 2030 年将达到 2.01 万 t～2.40 万 t，国内铀资源需求将持续增加。

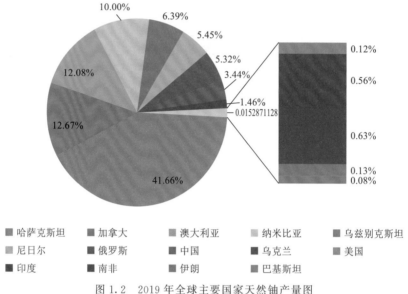

图 1.2 2019 年全球主要国家天然铀产量图

（数据来自：https://www.world-nuclear.org）

国内铀资源禀赋是保障中国核电良性发展的基础。国内探明储量越多，供给的稳定性就越大，持续能力就越强。国内铀资源禀赋是保障中国核电良性发展的基础。需要加大国内铀资源的勘查力度，巩固国内天然铀生产能力以确保国内铀生产能够稳定供应铀需求量的 1/3。

目前我国的铀矿资源类型主要有火山型、花岗岩型、砂岩型和碳硅泥岩型等[3]。砂岩型铀矿在铀矿"家族"中占有十分重要的地位，据国际原子能机构（IAEA）《铀资源、生产与需求—2014》，其在全球查明的铀资源量中约占 31%，年铀产量约占 45%。我国铀矿勘查自 20 世纪 90 年代以来，调整为主攻北方砂岩型铀矿，陆续探明了一批大型、特大型砂岩型铀矿床，截至 2015 年，我国共发现不同规模的砂岩型铀矿 40 余个，探明可地浸砂岩型铀资源量 191 000 tU，相比 2010 年增长了将近九成（87%）[4]，随着盆地中沉积型铀矿勘探的蓬勃开展和砂岩型铀矿地浸开采取得成功，砂岩型铀矿在经济效益和环境等方面的优越性不断凸显，我国已发现砂岩型铀矿的数量和产储量与年俱增，砂岩型铀矿已成为我国目前铀矿开采的主要矿床。

硬岩型铀矿床（花岗岩和火山岩型统称）以中小型为主，矿石品位偏低，地质条件复杂。受这一资源赋存特点影响，产业集约化、规模化程度低，单个项目产能规模小。经过 50 多年的开采，一些埋藏浅、品位高、易开采、矿体规模大或较集中、浸出性能较好的矿床已结束开采。低品位、难处理的资源将逐渐成为开发利用的主体，多属于采冶工艺技术较复杂、造成生产效率低、单位成本高、建设难度大，目前硬岩型铀矿床已逐步进入关停退役状态。

## 1.2 铀矿山开采现状及环境问题

不同类型铀矿山开采方式不同，硬岩型铀矿开采方式分为传统采矿、堆浸、原地爆破浸出、生物浸出等。砂岩型铀矿以地浸采铀为主，地浸采铀是直接在矿床内原位浸提铀金属的方法，即将浸出剂由注液孔注入含矿层与矿石相互作用，形成含铀溶液经由抽液孔提升至地表，再通过离子交换法回收铀金属[4-5]。该工艺大多用于难以开采的矿石、砂岩型矿、富矿开采后的尾矿、露天开采后的废矿坑、矿床相对集中且品位很低的矿石等。因效率高、成本低、环境相对友好等优点，地浸已成为世界经济采铀的主流技术。

### 1.2.1 硬岩型铀矿山开采工艺

我国硬岩型铀矿山工艺技术路线如图 1.3 所示。铀矿山系统包括铀矿开采和铀选冶两部分。铀矿开采是在地质勘探确定了铀矿床的基础上进行的，其目的是把工业品位的铀矿石从铀矿床中开采出来。铀矿开采主要分开拓、采准和切割、回采 3 个步骤。

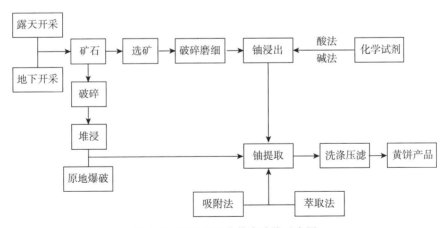

图 1.3 铀矿山工艺技术路线示意图

传统的采矿方式有露天开采和地下开采。地下开采可分为充填采矿法、空场采矿法、崩落采矿法。

随着技术的进步，采用把采矿和部分水冶工艺结合起来的堆浸和井下原地爆破浸出工艺。堆浸又称堆置浸出，是在原先铺设好的底板上堆置破碎成一定粒度的铀矿石，间歇式喷淋配置好的溶浸液，溶浸液在矿堆内渗透时通过多种水力作用浸出金属铀，收集浸出液。堆浸法省去了几段矿石破碎和筛分等工艺，直接由矿石淋浸得到浸出液，送至水冶厂处理。堆浸法工序少、流程短、设备简单、基建投资少、生产成本低。堆浸是目前我国硬岩型铀矿山保留下来进行铀矿生产的唯一生产方式。原地爆破浸出是用爆破法将矿体在原地破碎成一定粒度的矿块，然后注入配制的溶浸液，将铀浸出来，输送至水冶厂处理。

生物浸出法是利用培养出来的铁硫杆菌和亚铁硫杆菌作为氧化剂，把矿石中的硫转变为硫酸，四价铀氧化为六价铀，提高浸出效率，减少酸耗，降低成本。堆浸与生物法有效结合，能大幅度降低硬岩型堆浸采矿成本，目前广东 745 矿采用这种方法进行生产。

通常用湿法加工处理铀矿石提炼出铀化学浓缩物，称为铀水冶。水冶是将矿石中的铀提取，加工提炼成主要成分为重铀酸、重铀酸钠、硫酸铀和铀的氢氧化物等的天然铀产品的过程。传统工艺第 1 步将矿石破碎、研磨。第 2 步采用酸法或碱法化学浸出。酸法一般用硫酸，碱法一般用碳酸钠和碳酸氢钠溶液。第 3 步采用离子交换法或溶剂萃取法进行铀提取，使铀和杂质分离，铀得到浓缩。第 4 步经沉淀、洗涤、过滤、干燥，得到铀化学浓缩物，俗称"黄饼"。

## 1.2.2 硬岩型铀矿山生产环节污染特征

铀矿在开采、运输、选冶等各环节产生的放射性"三废"，即废水、废气和废渣，对矿区及周围环境会造成影响，严重时可造成放射性污染，对工、农业生产和人们身体健康产生影响。铀矿山场地污染来源如图 1.4 所示。

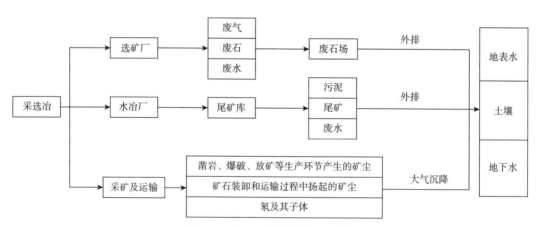

图 1.4 铀矿山场地污染示意图

（1）废渣（石）

硬岩型铀矿大多品位低，采矿和选矿会产生很多废石。如露天采矿一般开采 1 t 铀矿石会产生 4~6 t 废石，有时高达 6~8 t 废石，地下采掘 1 t 铀矿石产出 0.5~1.2 t 废石。常用放射性放射法进行选矿，在矿场把废石挑拣出来，精矿石被送到水冶厂处理，放选法选出的废石率一般为 15%~30%。

废石中含有天然放射性核素，比活度比较低。废石中铀含量一般为 $n \times 10^{-4}$ g/g，比正常土壤高出近 10 倍。废石中镭含量一般为（1.8~54）kBq/kg，比正常土壤高出近 1.5~25 倍。废石表面 $\gamma$ 辐照剂量率为（77~200）$\times 10^{-8}$ Gy/h，比正常地面天然本底高出 3~15 倍。废石表面氡析出率（7~200）$\times 10^{-8}$ Bq/（$m^2 \cdot s$），比正常地面氡析出率高 5~70 倍[5]。

处理 1 t 铀矿石产生 1~1.2 t 尾矿砂和 5~8 t 废水。铀矿石经破碎和磨矿试剂浸取后，大部分铀及与铀平衡的放射性核素进入浸出液，约 5%铀和 95%的镭留在尾砂中。尾矿砂含有大量粗砂、细泥等固体废物，尾砂中放射性含量比本地高 2~3 数量级，但因其比活度一般低于低放固体比活度下限值，一般不属于放射性废物。尾矿砂在尾矿库中沉淀下来，尾矿库废水有可能渗透到地下水、地表水和农田，除了有铀、镭等放射性危害外，还有许多锰、砷等重金属和大量硫酸根组分，其化学危害作用可能高于放射性。同时，由于尾矿砂数量巨大，会向大气中释放氡气，氡析出率高，$\gamma$ 放射性高，因此，尾矿库是潜在的污染源。

（2）废气

铀矿山开采、爆破、装卸、运输等活动，除释放一般矿井所含有的 $SiO_2$、CO、$H_2S$、$NO_2$ 等矿尘外，还释放大量的氡及氡子体，以及放射性气溶胶和铀尘。从生产巷道、采空区的岩体和矿体析出的氡占 30%~80%，从崩落岩石释放氡占 10%~40%，从矿井水中析出氡占 10%~30%。氡衰变形成一系列子体，99%以气溶胶形式存在。

铀水冶废气主要来源于铀矿石加工过程排放的废气和尾矿库释放出来的气体。废气中含有铀尘、氡及其子体、气溶胶、氨、氮氧化物等有害物质，其中 $^{222}Rn$ 的影响最大。

堆浸水冶区的废气主要有矿石破碎、筛分及输送过程产生的含铀矿尘、$^{222}Rn$ 及其子体；拌酸区域、堆浸生产过程产生的 $^{222}Rn$ 及其子体、放射性气溶胶和酸雾；水冶厂房产生的放射性气溶胶和酸雾。

（3）废水

铀矿山在开采过程中产生大量废水，主要为地下开采坑道水、露天开采的采场流出水、预选厂废水、矿仓下水和运矿车冲洗水等。铀矿山废水量变化范围大，开采 1 t 铀矿石约产生 0.5~5 t 废水。废水中铀浓度 0.2~5 mg/L，比正常天然水本底高 4~100 倍。镭浓度 0.15~3 Bq/L，比正常天然水高 1.2~24 倍[5]。还含有 $^{210}Pb$、$^{210}Po$、$Ca^{2+}$、$Fe^{2+}$、$Mn^{2+}$、$Cu^{2+}$、$Pb^{2+}$、$Hg^{2+}$、$SO_4^{2-}$、$Cl^-$、$HCO_3^-$ 等离子。

铀水冶废水主要来自工艺废水，如离子交换过程产生的贫铀溶液，萃取后的萃余水相，化学沉淀过程产生的母液、洗涤水、设备冲洗水等。铀水冶厂处理 1 t 铀矿石产生 5~8 t 废水。铀水冶厂废水量大，含有 $^{238}U$、$^{226}Ra$、$^{210}Pb$ 等天然放射性核素，以及悬浮固体和化学有害物质，一般废水放射性浓度低，废水的化学危害作用可能超过放射性危害作用。

### 1.2.3　地浸采铀工艺

我国地浸采铀技术于 1993 年在云南腾冲和新疆伊宁开始，截至目前，我国地浸铀产量已占全国天然铀总产量的 90% 以上。

根据浸出剂的不同，地浸采铀主要分为酸法、碱法和中性法（见表 1.1）。浸出剂主要依据铀矿床的矿物特征和地球化学性质进行选择，当含矿层碳酸盐（$CO_3^{2-}$）含量低于 2.0% 时，首选酸法工艺；碳酸盐（$CO_3^{2-}$）含量高于 2.0% 时，则常选择碱法[6-7]。当含矿碳酸盐以及地下水钙、镁离子含量较高时，为避免常规酸法或碱法地浸的化学堵塞，选用 $CO_2 + O_2$ 中性法[8]。

**表 1.1　地浸采铀常用工艺及原理**

| 工艺方法 | 适用条件 | 常用试剂 | 工作原理 |
|---|---|---|---|
| 酸法 | 碳酸盐含量不应超过 2.0% | $H_2SO_4$、$HCl$、$HNO_3$ 等 | $UO_3 + 2H_2SO_4 = UO_2SO_4 + H_2O$<br>$U_3O_8 + \frac{1}{2}O_2 + 3H_2SO_4 = 3UO_2SO_4 + 3H_2O$<br>$UO_2SO_4 + 2SO_4^{2-} = [UO_2(SO_4)_3]^{4-}$ |
| 碱法 | 碳酸盐含量过高（>2.0%）或矿段埋深较大（>400 m） | $NaCO_3$、$NaHCO_3$ 等 | $UO_3 + 3Na_2CO_3 + H_2O = Na_4[UO_2(CO_3)_3] + 2NaOH$<br>$U_3O_8 + 9Na_2CO_3 + \frac{1}{2}O_2 + 3H_2O = Na_4[UO_2(CO_3)_3] + 6NaOH$<br>$NaHCO_3 + NaOH = Na_2CO_3 + H_2O$ |
| 中性 | 低品位、高碳酸盐、高矿化度 | $O_2 + CO_2$ | $CO_2 + H_2O = H^+ + HCO_3^-$<br>$2UO_2 + O_2 = 2UO_3$<br>$UO_3 + 3HCO_3^- = [UO_2(CO_3)_3]^{4-} + H^+$ |

### 1.2.4　地浸采铀环境问题

（1）碱法浸出对采区地下水的影响

碱法地浸具有选择性强，浸出液杂质低、试剂消耗少、浸出液中的重金属含量较低，对采区地下水的影响较小等一系列优势，但其缺点是在常压下与铀的反应速度较慢、浸出时间较长、浸出率较低[9]。

碱法地浸过程中，溶浸液一般为碳酸钠或碳酸氢钠溶液，地下水中铀的主要存在形式为三碳酸铀酰，以钾、钠、铵的重碳酸盐和碳酸盐形式浸出，其中碳酸铀酰钠的溶解度可达到 66 g/L，浸出环境 pH 一般为 7.5～8.5，溶浸剂和浸出环境都属碱性。

（2）酸法浸出对采区地下水的影响

酸法地浸主要采用硫酸溶液作为浸出剂，浸出环境体系 pH 一般在 1.5～2.5。酸法工艺因浸出成本低、回收率高等特点，是地浸采铀的主要工艺之一，但浸出液杂质含量较高、耗酸量大，对采区地下水环境造成影响的风险也相对较高。酸法地浸的强酸性环境中，放射性元素铀（U）、镭（Ra）、氡（Rn）、铅（Pb）等持续进入采区地下水中，主要放射性元素 U 的含量在铀矿开采结束后可达地下水本底值的数十倍。退役采区残留浸出剂可通过扩散和迁移进入含水层下游区和上、下部含水层，一些诸如铁（Fe）、锰（Mn）、钼（Mo）、硒（Se）、钒（V）、砷（As）等氧化还原敏感性微量金属也会在地下含水层中迁移。

# 1.3 铀矿山生态环境修复机遇与挑战

## 1.3.1 铀矿山环境研究进展

（1）铀矿山环境污染调查

据《中国核工业三十年辐射环境质量评价》铀矿冶系统造成的集体剂量当量占整个核燃料循环系统的 91.5%。在铀矿开采与铀冶炼的过程中，可能会导致放射性和非放射性对环境污染。前人对赣、粤、湘区域的硬岩型铀矿山进行了辐射环境污染调查，分析硬岩型铀矿氡对大气的污染程度，U、Th、Ra 等核素和 Mn、Cr、Zn 等对水质的污染以及废石堆、尾矿库、露天采场废墟等造成的固体辐射污染，表明硬岩型铀矿山生态环境受到一定程度的污染。对铀矿山水冶厂、尾矿坝及周边土壤中重金属污染进行了分析，结果表明研究区内重金属表现出不同程度的污染。对粤北某铀矿山及周边地区地下水中放射性核素的污染特征及其影响，分别对研究区于 20 个钻孔地下水样品进行测试，分析了 $^{238}U$、$^{230}Th$、$^{226}Ra$、$^{210}Pb$ 和 $^{210}Po$ 五种放射性核素的含量，并采用国标推荐的公式对周边居民因饮水所导致的内照射剂量进行了估算。结果表明，研究区地下水中 $^{238}U$、$^{226}Ra$、$^{210}Pb$ 和 $^{210}Po$ 的平均检出浓度分别为 1.31 μg/L、28.09 mBq/L、13.98 mBq/L 和 12.68 mBq/L，由放射性核素所导致的总待积有效剂量为 $2.44×10^{-5}$ Sv，低于世界卫生组织推荐的年待积有效剂量参考水平，说明矿区周边水环境暂时没有危害[10-13]。

（2）核素在土壤中迁移研究

核素迁移的研究主要集中于室内和野外试验。Patitapaban Sahu 等采用室内实验检测了粗尾矿中所释放的 Rn 和 Ra 的放射性剂量水平[14]。H. Thorring 等通过室内淋滤实验研究了降水的成分对 Se 在土壤中迁移的影响，表明表层土壤的降水化学成分对硒的迁移起到了促进作用，但在较深处土壤中降水对 Se 在土壤中的迁移影响不大[15]。Mayeen Uddin Khandaker 等检测了 Malay-sian 地区土壤和植物中核素 $^{226}Ra$、$^{232}Th$ 和

$^{40}$K 的比活度，并研究了核素 $^{226}$Ra、$^{232}$Th 和 $^{40}$K 在土壤—植物中的迁移规律，表明土壤中放射性核素 $^{226}$Ra、$^{232}$Th 和 $^{40}$K 的活度范围分别为 $1.33 \sim 30.90$、$0.48 \sim 26.80$、$7.99 \sim 136.5$ Bq，植物中放射性核素 $^{226}$Ra、$^{232}$Th 和 $^{40}$K 的活度范围分别为 $0.64 \sim 3.80$、$0.21 \sim 6.91$、$85.53 \sim 463.8$ Bq[16]。国内学者针对放射性核素在土壤中迁移的研究也有大量的研究，分析了研究区周边土壤环境中放射性元素及部分重金属元素的横向、纵向迁移规律，对铀尾矿进行模拟自然条件下的淋浸实验，得出了铀尾矿中放射性元素 U、Th、重金属元素的释放规律、释放机制及各元素之间的相关性[17]。刘波以某地铀矿山尾矿为研究对象，在铀尾矿矿物组分及理化属性研究基础上，研究尾矿中有害金属离子的含量、赋存状态及可迁移活性，尾矿粒度、淋滤液 pH 等因素对铀尾矿堆积体中有害金属离子的迁移影响，并基于膨润土良好的阳离子交换性、防渗性和胶体分散性，将其作为吸附和阻滞材料[18]。张春艳研究表明铀矿山尾矿库下游稻田土壤中铀含量表层土壤中铀含量介于 $1.34 \sim 13.39$ μg/g，受尾矿库尾矿坝渗漏水的影响，距离尾矿库越近土壤含量越高，主要是附近土壤优先吸附渗漏水中的铀所致[19]。

## 1.3.2　铀矿山环境保护技术应用现状

（1）工业废水处理

处理低浓度含铀废水都是尽可能地将含铀物质截流、直接沉淀或浓缩于水中，以达到净化水体的作用。常见的有吸附法、化学沉淀法、蒸发浓缩法、萃取法和离子交换法等。目前还有一些新方法、新材料广泛应用于含铀废水处理的研究中。铀矿开采废水处理方法主要有铀石灰乳中核沉淀法除铀和其他杂质、离子交换法除铀、软锰矿吸附法除镭、重晶石吸附法除镭等方法。水冶废水处理方面主要采用石灰乳中和法处理废矿浆和废水，阴离子交换树脂除铀（效果可达 $90\% \sim 95\%$），$Al_2O_3$、$Fe_2O_3$、$MnO_2$ 吸附剂、软锰矿、硅胶、活性炭或氯化钡除镭，氯化钡—循环污渣—分步中和法处理酸性矿坑水。

（2）废石、尾矿处理

废石和尾矿处理一般可采用方法有：把废石和尾矿回填入废旧巷道和采空区，减少地面堆存量；将回填剩余的废石和尾矿集中堆放在废石场或尾矿库中；采取必要措施，防止废石场和尾矿库坍垮或废物流失，或覆土植被减少氡析出和 γ 辐射；在废石场和尾矿库设置监测井，对地下水进行监测，防止废石和尾矿中的放射性核素和非放射性有害物质渗入地下水或随地表水运移而污染水源、农田和土壤。我国的铀尾矿等固体废物堆放场分布在 14 个省区 30 多个地区，约有 200 处，分别位于矿区附近的近百个山沟。绝大部分废石堆都没有进行任何处理，风吹雨淋，风化侵蚀，周围环境造成一定放射性污染。铀矿山共有大小铀尾矿库若干座，绝大部分采用的是山谷型尾矿库，仅有个别的尾矿库是平地周圈筑坝。初期坝约 $90\%$ 以上为土质碾压坝，只有少数尾矿坝是采用了透水堆石坝，筑坝形式用的几乎都是上游法尾堆坝法。我国重视铀尾矿库的安全问题和相应的放射性环境污染问题，但在多年的生产实践中，也曾不同程度地发生过若干尾矿库安全事故。

（3）污染土壤处理

废水、废气和废渣，对矿区及周围环境会造成影响，严重情形可造成放射性污染，是矿山治理的关键。目前将矿山的环境问题多归结为三废问题，多数研究将重点集中在三废问题的处理上，较少研究由三废问题带来次生土壤污染问题。铀矿山在开采的过程中会产生酸性矿山废水，其大量的污染物质，如重金属元素和放射性核素，通过渗滤或者径流会造成矿区的土壤污染。铀矿山中会存在大量的硫化矿物（$FeS_2$），在自然条件下，通过空气的氧化等作用，裸露的岩石和尾矿发生氧化和水解反应，使废水的 pH 较低，产生酸性矿山废水。酸性矿山废水一般 pH 较低（一般为 $2\sim4$），同时含有大量的 $SO_4^{2-}$，$Cu^{2+}$，$Cr^{3+}$ 等溶解的重金属离子，当酸性矿山废水会随着地表径流或下渗到土壤中时，很容易造成土壤酸化和毒化等问题。核素主要以矿物颗粒表面吸附、与腐殖酸发生络合作用、沉积作用在土壤中存在，治理放射性污染土壤一般采用永久关闭该场所、控制或限制污染物和移除或彻底消除污染物 3 种方式。目前土壤修复技术已形成包含物理、化学和生物修复技术体系，积累了不同污染类型重金属污染场地综合工程修复技术应用经验。

（4）污染地下水

铀尾矿含有铀系全部衰变子体、水冶后残余的铀和 99％以上的 $^{230}Th$ 及 $^{226}Ra$ 等放射性核素，长期衰变释放氡及其子体，对环境构成长久的潜在威胁。尾矿和废石经长期的雨水淋漓作用，水岩相互作用，在废石堆或尾矿库中形成酸性浸渍水，尾矿渗出水中含有 U、Th 和 Se 等放射性核素，经过地下渗流，进入地下水，造成放射性污染。当污染组分含量过高超出了水体的自净能力时，就会使得水体受到污染。如位于美国俄亥俄州的一座前美国能源部工厂，从沥青铀矿中提取铀金属。工厂附近及周围低洼的冰碛中出现了溶解的铀离子，含水层中溶解铀平均值为 $0.9~\mu g/L$，最大值为 $3.1~\mu g/L$。在工厂附近和下游地区的地下水中溶解铀的含量都超过了背景值。

对于地上一般含铀废水的物理化学处理、微生物处理方法比较成熟，对于铀矿山地下水污染处理一般采取原位处理和异位处理。异位处理污染地下水一般为抽出处理，由于存在费用高、时间长等问题，目前国内没有采用，对已经被污染的地下水，趋向于使用污染物的原位处理技术，如 PRB 技术。生物修复也有一定研究，如 Lovley D. R，吴唯民[20-21]，但不论是 PRB 技术还是生物修复技术，在实际处理铀矿山放射性污染地下水工程中应用还较少见。

酸法地浸退役铀矿山地下水环境中广泛分布各种类型的微生物，同时存在溶解性铀 U（Ⅵ）、$SO_4^{2-}$ 和各类金属离子等。学者们就微生物与可溶性 U（Ⅵ）的作用开展了大量研究，提出铀通过生物还原、生物矿化、生物吸附和生物累积等不同作用机制实现地下水中铀污染的修复（图 1.5）。通过这些作用机制形成的铀沉积物的稳定性均受环境条件影响，如何通过条件控制使其长期稳定是一个亟待研究的方向。

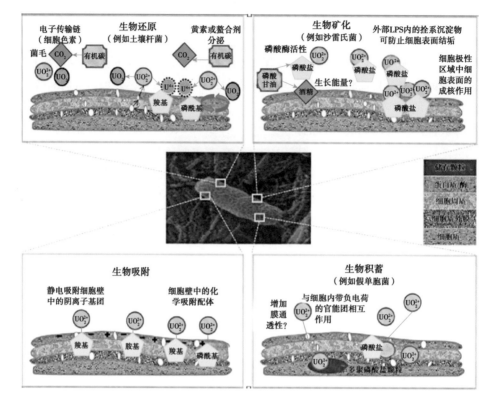

图 1.5 微生物与铀相互作用机制示意

（5）铀矿山污染场地治理

国内铀矿山污染场地的工程性治理修复工作基本上都围绕换土、覆土、植被覆盖等措施展开，但效果不完全符合要求，如采用清除放射性物质沾污处理方法（换土法）进行某铀矿的退役处理，结果显示治理后场地氡析出率依然有不同程度的超标[20]。而其他方法对铀矿山场地修复技术研究目前仍处在实验室研究阶段。

国外对放射性污染土壤的修复技术研究较成熟，通过借鉴重金属污染土壤的修复方法的原理，已开发出物理方法、化学方法、生物方法和其他联合方法等多种修复技术。其中化学法中包括土壤清洗、堆浸等，物理方法如电动力去污法、原位玻璃固化、生物修复（分为植物修复、微生物修复等）等。捷克某铀矿山采用化学清洗为主要措施的工程的场地修复，耗时非常长，但治理效果较好。葡萄牙某铀矿的环境修复采用了化学清洗—水力分离联合修复方法进行场地修复，取得了良好的效果[22-23]。

（6）尾矿库处理技术

铀尾矿污染危害范围广、时间长且较为隐蔽，需找寻科学的方法对铀尾矿进行合理的处理与处置。需采用隔离屏障对铀尾矿进行包裹或隔离，以屏蔽人类遭受废物的辐射危害和阻滞污染物的迁移。目前大都采用覆盖处理，以防氡和铀尾矿扬尘的排放，以及降低水、二氧化碳和氧气的渗入。回填处理，可长期将尾矿进行地下处理使其与周围环境隔离开。固定化处理，以降低有毒有害物质的浸出与迁移活性。常采用将有毒有害物质转化为相对稳定的矿物或有机复合物，或通过添加某些物质合成相关复合物，形成惰性或不透水的隔离屏障，降低铀尾矿的反应活性。铀尾矿的处置方法发展趋势是由表面覆盖处理逐渐转向内部有害物的稳定化、固化处理，由异位处理方式转向原位处理方式，被动处理方式转向主动处理。采用原位主动处理技术，能降低铀尾矿中有害物的迁移活性，降低其渗透性，减少渗滤液的处理成本和工程量，降低对周围环境的污染。探索用原位主动处理技术已逐渐应用于铀尾矿处理[18]。

### 1.3.3 铀矿山环境保护技术问题与发展

中国铀矿山系统经过 50 多年的发展，在放射性污染防治方面取得了较好的成绩；同世界先进铀矿山生态环境修复相比，在退役治理、水处理、废石堆覆盖、铀矿山地下水污染处理技术、矿山场地修复等方面仍有一定差距。

（1）退役铀矿山综合治理

发达国家在铀矿冶辐射防护与环境保护技术方面取得了显著成效的研究，开发了地下铀矿井辐射场的模拟技术，铀矿井通风降氡计算机模拟技术，多层覆盖治理技术和长期稳定技术等，使铀矿冶的辐射防护与环境保护得到了长足的进步。中国铀矿冶退役治理工程进展较慢，对于关停的铀矿冶设施的退役治理和环境恢复工作，还需要加大治理力度，加快工程进程[22-24]。

（2）水处理应用技术

近年来，为了实施可持续发展，中国加大了铀矿山环境保护的投入力度，铀矿山废水目前基本可以做到达标排放。但缺乏对水处理新技术工业化应用研究，许多企业一直采用成本较高、处理效果不理想、管理难度大、易造成二次污染的传统的石灰中和水处理技术，二次废物产生量很大。矿山水处理技术仍然停留在 20 世纪 80 年代的离子交换除铀、氯化钡除镭、石灰中和的老工艺与技术之上，废水中非放射性有害物的监测和处理技术研究需进一步加强。为适应绿色矿山发展的需要，应着重加强铀矿冶放射性核素的释放、迁移转化和分布规律等基础研究，开展工艺水循环利用技术研究，进一步减少废水产生量，提高废水处理技术水平。

（3）地下水污染机理与控制措施

由于地下水的隐蔽性、复杂性以及人们的认识滞后性，我国铀矿山对地下水污染及其治理方面的投入相对较少，尚未进行过系统而长期的监测，废石堆、尾矿库以及原地爆破浸出等典型污染场地对地下水的影响没有确切的认知。相对于铀采冶技术及地表水处理技术，地下水的污染控制及治理技术存在明显滞后现象，表现为不清楚地下水污染状况及其污染规律，地下水治理方法不完善，监测体系尚未形成。同国家对铀矿山环境保护要求相比，地下水污染治理理论与技术研究存在较大差距。

（4）放射性污染土壤修复理论与技术

在已进行的铀矿山退役治理过程中，进行了矿区土壤污染调查，查明污染场地的土壤中 U、Ra 残留量垂直分布特征，污染场地主要采取清挖污染物至集中覆盖整治处理。许多学者也对放射性污染土壤的治理做了不同程度的探索，如土壤清洗、堆浸去污、高梯度分离、原位玻璃固化、植物修复、微生物修复等研究，但系统地研究铀矿山污染场地特征，查清污染物存在形式、分布特征和迁移扩散规律，并在此基础上形成治理技术方法体系的工作亟待开展。

（5）退役地浸铀矿山地下水修复理论与技术

地浸采铀矿山地下水属多组分复杂的水－岩相互作用体系，放射性核素及重金属在其中的吸附－解吸、氧化－还原、溶解－沉淀等行为与机理及其主控因素，直接与污染地下水环境修复技术与策略的构建密不可分，目前这方面尚缺乏深入系统的研究，必须予以加强。

地浸采铀矿山地下水污染生物修复技术普遍采用生物还原、生物矿化、生物吸附和生物累积等不同作用机制将铀原位固定，但因酸法地浸退役采区地下水常处于酸性与氧化环境，被固定的铀易被重新活化，从而限制了原位生物修复技术的应用，急需研发满足酸性与氧化环境中使铀固定并长期稳定的新技术。地下水的异位－原位协同生物修复技术的开发是新的研究方向。

# 参考文献：

[1] 潘自强，等.中国裂变核能矿产资源可持续发展战略研究（中国工程院咨询报告）[R].北京：中国工程院，2015.

[2] 张新伟，吴巧生，黎江峰，等.中国铀资源供给安全及影响因素分析.中国国土资源经济，2017，359（10）：18-22，26.

[3] 张金带.我国砂岩型铀矿成矿理论的创新和发展 [J].铀矿地质，2016，32（6）：321-332.

[4] OECD-NEA/IAEA. Uranium 2016：Resources，Production and Demand. OECD，Paris，2016.

[5] 国家环保局.铀矿冶污染治理.北京：原子能出版社，1996.

[6] Mayeen Uddin Khandaker，Noor Liyana Mohd Nasir，Kh Asaduzzaman，et al. Evalution of radionuclides transfer from soil-to-edible flora and estimation of radiological dose to the Malasian populace [J]. Chemosphere，2016，154：528-536.

[7] 朱莉.铀尾矿与土壤中放射性铀、钍及部分重金属元素的释放迁移规律研究 [D].广州：广州大学，2013.

[8] 孙占学，马文洁，刘亚洁，等.地浸采铀矿山地下水环境修复研究进展.地学前缘.网络首发时间：2021-02-03 16：41：32.

[9] 熊觋，万明.江西某铀矿退役治理情况及讨论 [A].中国环境科学学会核安全与辐

射环境安全专业委员会，2010：3.

[10] 张黎辉. 中国铀矿冶放射性污染防治"十三五"规划思路研究. 环境科学与管理，2017，42（12）：183-186.

[11] 张展适，李满根，杨亚新，等. 赣、粤、湘地区部分硬岩型铀矿山辐射环境污染及治理现状 [J]. 铀矿冶，2007，26（4）：191-196.

[12] 黄建兵. 某铀矿山废石场及尾矿库氡污染调查 [J]. 环境监测管理与技术，2001，13（2）：27-30.

[13] 徐魁伟，高柏，刘媛媛，等. 某铀矿山及其周边地下水中放射性核素污染调查与评价 [J]. 有色金属（冶炼部分），2017（7）：58-61.

[14] Patitapaban Sahu，Devi Prasad Mishra，Durga Charan Panigrahi，et al. Radon emanation from backfilled mill tailings in underground uranium mine [J]. Journal of environmental radioactivity，2014，130：15-21.

[15] H Thorring，L Skuterud，E Steinnes. Influence of chemical composition of precipitation on migration of radioactive caesium in natural soils [J]. Journal of environmental radioactivity，2014，134：114-119.

[16] Mayeen Uddin Khandaker，Noor Liyana Mohd Nasir，Kh Asaduzzaman，et al. Evalution of radionuclides transfer from soil-to-edible flora and estimation of radiological dose to the Malasian populace [J]. Chemosphere，2016，154：528-536.

[17] 黄德娟，朱业安，刘庆成，等. 某铀矿山环境土壤重金属污染评价 [J]. 金属矿山，2013（1）：146-150.

[18] 刘波. 某铀矿山尾矿中有害金属元素的迁移、阻滞及机理研究 [D]. 绵阳：西南科技大学，2017.

[19] 张春艳. 江西某铀矿山尾矿库下游稻田土壤中铀的迁移规律与健康风险研究 [D]. 南昌：东华理工大学，2017.

[20] Lovley D R，Phillips E J P，Gorby Y A. Microbial reduction of uranium [J]. Nature，1991，350：413-416.

[21] 吴唯民，Jack Carley，David Watson，等. 地下水铀污染的原位微生物还原与固定：在美国能源部田纳西橡树岭放射物污染现场的试验 [J]. 环境科学学报，2011，31（3）：449-459.

[22] IAEA. Remediation of Sites with Mixed Contamination of Radioactive and Other Hazardous Substances. Technical Reports Series NO. 442，2006.

[23] 罗上庚. 放射性废物处理与处置. 北京：中国环境出版社，2006.

[24] 李德平，潘自强，龙尚翼，等. 辐射防护手册：第3分册辐射安全 [M]. 北京：原子能出版社，1990：188-189.

# 第 2 章

# 源项调查原则与方法

在铀矿地质勘探、采冶生产期间遗留的废石、尾渣、露天采场废墟、坑（井）口、污染设备等通过各种途径和方式向环境释放废气、矿坑水，对周围环境造成了潜在的危害，甚至会影响到周围公众的健康与安全，遗留设施对地表水体存在着较大的环境风险。由于历史原因，我国现有许多矿山开发利用设施存在设施陈旧、缺乏有效管理、污染源项复杂、废物形式多样且出路不明确、历史资料相对匮乏等问题，加大了后期退役治理工作的实施难度。因此，源项调查是铀矿山退役前十分必要的工作。

## 2.1 源项分类

硬岩铀矿山退役治理项目源项主要包括：坑口、井口、露天采场、工业场地、水冶厂、污染设备器材及建（构）筑物等设施源项，废（矿）石堆、堆浸渣堆、尾矿（渣）库、矿坑水及渗水等废物源项，以及塌陷坑、地面土壤、水体等环境整治工程源项。

## 2.2 源项评价与调查

### 2.2.1 评价标准与指标

按照国家和行业规范进行源项调查，如《铀矿冶辐射防护和环境保护规定》（GB 23727—2009）、《铀矿冶辐射防护规定》（EJ 993—2008）、《铀矿冶环境辐射监测规定》（GB 23726—2009）、《铀矿冶设施退役环境管理技术规定》（GB 14586—93）、《辐射环境监测技术规范》（HJ/T 61—2001）、《铀矿冶设施退役整治工程设计规定》（EJ 1107—2000）等。

根据《铀矿采冶设施退役环境管理技术规定》（GB 14586—93）和《铀矿冶辐射防护和环境保护规定》（GB 23727—2009）要求：

（1）表面污染水平

主要包括污染设备、器材、建筑物等经去污处理后，其非固定 α、β 放射性表面污染水平≤0.08 Bq/cm² 时，经防护部门监测许可后，可在一般工业中使用（食品工业除外）；污染的废旧钢铁经清洗去污后，其 α、β 放射性表面污染水平低于 0.04 Bq/cm²，可不加限制地使用。

工作场所的设备、用品等，经去污处理后，其污染水平降低到控制区所列数值的 1/50 以下时，经审管部门或其授权部门确认同意后，可当作普通物品使用。

（2）表面氡析出率

主要包括废石场、尾矿库、堆浸、地浸、露天废墟场地经最终处置后，其表面平均氡析出率不应超过 0.74 Bq/（m$^2$·s）。铀矿冶废石场、尾矿（渣）库、露天废墟等设施，经退役治理与环境整治后，所有场址表面氡析出率应不大于 0.74 Bq/（m$^2$·s）。

（3）土壤去除标准

土地去污整治后对核素 $^{226}$Ra 最高比活度要求：任何平均 100 m$^2$ 范围内，上层 15 cm 厚度土层中平均值为 0.18 Bq/g；15 cm 厚度土层以下的平均值为 0.56 Bq/g。土地去污整治后，对 $^{226}$Ra 最高比活度要求为任何平均 100 m$^2$ 范围内，土层中平均值不高于 0.18 Bq/g；对于移走尾矿（渣、废石）后的土地，可按 0.56 Bq/g 控制；放射性废渣不得用作建筑材料。

（4）建筑物去污

可居住建筑物的去污，要求氡子体的最高潜能浓度值（含本底）尽可能达到 0.416 μJ/m$^3$，但不能超过 0.624 μJ/m$^3$。

在制订源项调查计划时，必须依据国家或行业现行技术标准确定用于评价调查结果的评价指标，评价指标可以用于识别潜在的放射性污染，绘制污染的空间分布图，评估放射性废物，评价环境影响。评价指标一般包含几组限值，根据《电离辐射防护与辐射源安全基本标准》（GB 18871—2002）、《可免于辐射防护监管的物料中放射性核素活度浓度》（GB 27742—2011）、《极低水平放射性废物的填埋处》（GB/T 28178—2011）《放射性废物的分类》（GB 9133—1995），评价指标主要分为设施及场址污染现场筛选、放射性废物类型、物料清洁解控、场址开放等几大类，具体等级和相应限制如表 2.1 所示。还可以通过模拟计算及现场对比测量等方法确定现场筛选标准，即 γ 剂量率或计数率形式的限值[1]。

表 2.1  源项调查中的评价指标及限值

| 评价指标 | 等级或内容 | 参考限值 |
|---|---|---|
| 设施及场址污染现场筛选（γ 剂量率） | 非污染 | ＜0.5 μSv/h |
|  | 疑似污染 | （0.5～1）μSv/h |
|  | 确定性污染 | ＞1 μSv/h |
| 放射性废物的分类（$^{226}$Ra 和 $^{232}$Th） | 豁免废物（EW） | ＜1.0×10$^3$ Bq/kg |
|  | 极低放废物（VLLW） | （1×10$^3$～2×10$^4$）Bq/kg |
|  | 低放废物（LLW） | （2×10$^4$～1×10$^6$）Bq/kg |
|  | 中放废物（ILW） | （1×10$^6$～4×10$^{10}$）Bq/kg |

续表

| 评价指标 | 等级或内容 | 参考限值 |
|---|---|---|
| 物料清洁解控<br>（表面污染控制水平<br>或活度浓度限值） | 建筑（构）物表面<br>（设备、墙壁、地面等） | α 表面污染<0.08 Bq/cm²<br>β 表面污染<0.8 Bq/cm² |
| | 废金属循环再利用 | <1000 Bq/kg<br>（对应 α 表面污染<20 Bq/cm²） |
| 场址开放<br>（²²⁶Ra 或 ²³²Th） | 土壤中剩余放射性可接受水平 | <500 Bq/kg |

国外铀矿冶退役治理标准各个国家相同[2-5]。美国规定《退役天然铀生产场址的残余放射性物质控制标准》，在任何情况下至少 200 年有效。残余放射性物质向大气释放的 $^{222}$Rn 平均析出率不超过 0.74 Bq/（m² · s）。《退役铀加工场址残留放射性物质污染的土壤和建筑物的去污标准》对生产加工场址产生的残余放射性物质引起的污染应采取有效补救措施，确保任何 100 m² 面积的土地中的平均 $^{226}$Ra 比活度扣去本底值后应不超过 0.18 Bq/g（地表下第 1 个 15 cm 土壤层的平均比活度）和 0.56 Bq/g（地表下第 2 个 15 cm 的土壤层的平均比活度）。在任何被占用或可居住的建筑物里，包括本底在内的年平均（或当量）的氡衰变产物潜能浓度不应超过 0.42 $\mu$J/m³、任何情况下不超过 0.63 $\mu$J/m³，扣去本底后 γ 辐射水平不超过 0.17 $\mu$Gy/h。

德国辐射防护委员会制定了退役铀水冶设施中固体物料处置标准，铀矿采冶设施污染场地受污染土壤修复后应达到以下要求：$^{238}$U 衰变系的单个核素比活度在 0.2 Bq/g 以下（深度 0～0.1、0.1～0.5 和 0.5 m 直至地面下层 1 m 的 100 m² 范围内的平均值）时可无限制地使用。$^{238}$U 衰变系的单个核素比活度大于 0.2 Bq/g 和低于 1.0 Bq/g 时，根据场地的用途而定。$^{238}$U 衰变系的单个核素比活度在 1.0 Bq/g 以上时，应对场地修复的必要性和土地利用的可能性进行专题评价。对于放射性比活度大于 0.2 Bq/g 的场地，必须确保不发生地下水污染，附加有效剂量不超过 0.5 mSv/a；对于全部新建筑物应当使其室内空气中的 $^{222}$Rn 活度浓度低于 250 Bq/m³；对已经用作不同用途的以前的开采或水冶场址，应当对该场址进行辐射剂量评价来决定。

俄罗斯对铀废石场尾矿库退役治理制定了安全环保标准，治理后尾矿库顶部 $\sum \alpha$ 放射性活度浓度不高于 100 MBq/m³，顶部 1 m 高处平均 γ 辐射剂量率不高于 0.84 $\mu$Gy/h，滩面氡析出率不大于 1.0 Bq/（m² · s）。尾矿库以外周围地表 1 m 处平均 γ 辐射剂量率不高于本底 0.17 $\mu$Gy/h。治理后土地农业用地 0～100 cm 土层中 $\sum \alpha$ 放射性比活度小于本底 60 Bq/kg，局部不应大于 7400 Bq/kg。林业用地 0～100 cm 土层中 $\sum \alpha$ 放射性比活度不高于本底 1200 Bq/kg，局部不大于 7400 Bq/kg。退役治理后的尾矿库必须进行数百年的长期监护。治理后的废石场地面 1 m 高处平均 γ 辐射剂量率不高于本底 0.17 $\mu$Gy/h，局部不大于 0.50 $\mu$Gy/h，对氡析出没有要求。

## 2.2.2　调查流程

为了源项调查顺利实施，需要有合理的调查程序，并在运用时结合调查现场的实际情况进行适当调整。源项调查工作由调查准备、资料收集、编制实施方案、现场采样与测量、数据处理与分析、编写调查报告、项目验收等步骤。

## 2.2.3　调查方法

调查方法是一系列调查及监测的优化组合，具有高度的系统性和关联性，主要包括资料收集、辐射监测和计算。其中辐射监测是源项调查的重点和核心内容，资料收集则是重要的辅助手段，计算主要用于衡算放射性盘存量。资料收集包括文件查阅、人员走访和现场踏勘。辐射监测包括现场监测和实验室分析，现场监测的特点是速度快、成本低，但准确度稍差。实验室分析准确度高、耗时长、成本高。为证实被调查对象是否满足评价指标，实验室分析是必不可少的手段。因此，采用现场测量工作和实验室分析组合方式是源项调查有效的方法。优化组合方法能在保证调查结果可靠的前提下，将大量的实验室分析工作代之以现场监测手段，从而减轻了实验室的工作量。源项调查采用的组合方法如图2.1所示。

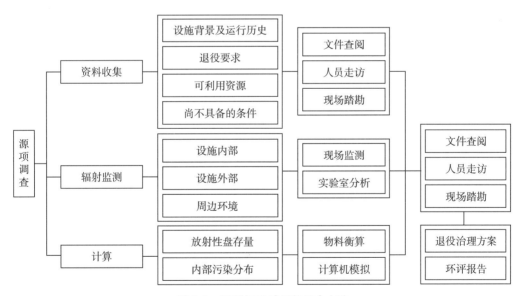

图 2.1　源项调查采用的组合方法

（1）资料收集

前期资料收集是源项调查的重要工作基础，系统研究当地的自然地理、气象、地质、水文地质、生态环境等基础资料；同时充分了解研究对象的工程背景、生产工艺和生产条件。如果没有获取足够的基础资料，则必须开展全面的、系统的辐射监测工作，调查工作量和调查难度的加大，导致对设施及场址实际污染状况错误评估概率的增加。

（2）辐射监测

根据监测范围，源项调查的辐射监测可以分为设施内部监测、设施外部监测及周边环境监测。根据监测手段和方式可分为现场监测和实验室分析，现场监测包括扫描测量、定点测量，实验室分析包括现场取样和样品分析。现场监测可用于表征污染分布、确定污染热点以及评价放射性污染的程度，实验室分析用于辨识污染区域中的放射性核素种类及其活度浓度水平。

（3）放射性废物评估

放射性废物的产生大部分来自生产场址内存放或早期掩埋的放射性物料及废物，其余的则来自设施去污以及场址清污。放射性废物产生量可以根据收集到的资料和辐射监测结果来评估。铀矿山设施退役治理中产生的固体放射性废物主要包括豁免废物、极低放废物、低放废物和中放废物。

## 2.3　辐射环境监测

### 2.3.1　基本要求

1）根据现场实际情况确定监测范围，凡是可能存在污染的地方都应进行监测，避免漏项。

2）监测点位和监测频次应具有代表性，监测结果应能反映实际污染状况。

3）使用的仪器应经相应计量单位刻度校准，监测取样和化验分析应符合有关技术规范，以保证调查结果的准确可靠。

4）实测退役治理工程现状地形图（一般要求比例尺 1∶1000）。要将所有源项测绘、标注清楚在地形图上，加以编号、标明图例，源项位置要准确，边界要清楚。图纸坐标系要与原生产建设的图纸一致。

5）辐射监测基本程序。

辐射监测基本程序如图 2.2 所示，开展源项调查前，在前期资料收集基础上，根据已有资料按放射性污染的可能性将场址进行分类，一般可分为污染可能性较大区域、污染可能性较小区域和未受影响区域 3 种类型。针对污染可能性较大的区域，作为工作重点需要开展详细的、系统的辐射监测，包括现场监测与实验室分析工作。对于污染可能性较小区域，根据实际情况和要求，可在其中选取有代表性的区域进行有选择性的辐射监测和采样分析。对于确定未受影响区域，根据相关规范，可直接提出实施退役终态检测或最终处置。

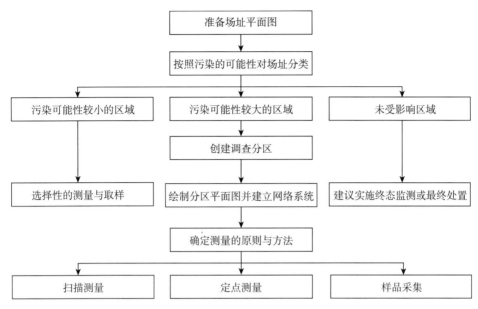

图 2.2　源项调查辐射监测程序

## 2.3.2　监测内容

（1）工业场地

给出工业场地的贯穿辐射剂量率（$\times 10^{-8}$ Gy/h）、U$_{天然}$ 含量（mg/kg）、$^{226}$Ra 含量（Bq/kg）等监测项目的监测布点图和相应各测点的监测值，并在地形图上标出监测范围、监测点位置及编号。工业场地的 U$_{天然}$、$^{226}$Ra 含量垂直分布监测数据（需监测到土壤中 $^{226}$Ra 含量小于 180 Bq/kg 为止）填入到工业场地源项调查表中，并在地形图上标出监测范围、监测点位置及编号。

（2）建（构）筑物

收集关于各建（构）筑物的名称、原始功能、建筑面积及层数等资料，将建（构）筑物按编号标于地形图上，并监测各建（构）筑物的贯穿辐射剂量率以及地面、墙壁的 α、β 表面沾污数据，并将调查结果填入被污染建（构）筑物源项调查表。

（3）设备、器材和管线

收集被污染设备、器材、管线、电线等的详细清单，包括名称、规格型号、来源、数量、是否还有再利用的价值、去污后去向等资料，并统计监测的各设备、器材、管线中的 α、β 表面沾污数据，填入被污染设备、器材、管线源项调查表。

（4）矿石（渣）堆

监测各矿石（渣）堆的表面氡析出率、贯穿辐射剂量率；矿石（渣）中 U$_{天然}$、$^{226}$Ra 含量；矿石（渣）堆下部土壤的 U$_{天然}$、$^{226}$Ra 含量垂直分布（需监测到土壤中 $^{226}$Ra 含量

小于 560 Bq/kg 为止）。按表 2.8 收集各矿石（渣）堆的有关参数资料。参数包括各矿石（渣）堆的堆存总量，堆积体的占地面积与裸露面积等。

监测矿石（渣）堆的 $^{222}$Rn 析出率、贯穿辐射剂量率、U$_{天然}$、$^{226}$Ra 含量等，并在地形图上标出监测范围、监测点位置及编号。监测矿石（渣）堆下部污染土的 U$_{天然}$、$^{226}$Ra 含量垂直分布数据填入矿石（渣）堆源项调查表。

（5）水冶厂周边地表水体

收集被污染水体的流量、长度、宽度、水深、底泥厚度等相关资料；监测水中 U$_{天然}$、$^{226}$Ra 浓度和底泥 U$_{天然}$、$^{226}$Ra 含量，填入被污染的地表水体源项调查表，并在地形图上标出取样点位置及编号。

（6）水冶厂周边农田

对水冶厂周边可能受到放射性废水污染的农田进行监测。收集可能被污染的农田的相关资料，包括被污染农田的面积、性质和被污染的原因等。监测可能被污染农田的贯穿辐射水平和土壤中铀、镭含量，并在地形图上标出取样点位置及编号。按表 2.14 给出农田土壤的 U$_{天然}$、$^{226}$Ra 含量垂直分布监测数据（需监测到土壤中 $^{226}$Ra 含量小于 180 Bq/kg 为止）填入被污染的农田源项调查表，以确定农田的受污染程度。

（7）水冶厂周边道路

对水冶厂周边可能受到放射性废水和废物（废石或尾渣）污染的道路进行监测。按道路的长度、路面宽度及结构等测量污染道路源项数值，并在地形图上标出被污染道路的具体位置、走向及路段。给出道路的贯穿辐射剂量率的监测布点图和相应各测点的监测值，并在地形图上标出监测范围、监测点位置及编号。如果是用废石或尾渣铺垫的道路，还需监测道路表层及下部土壤的 U$_{天然}$、$^{226}$Ra 含量（需监测到土壤中 $^{226}$Ra 含量小于 180 Bq/kg 为止）。监测数据填入污染道路源项调查表。

（8）对照点

应选取位于水冶厂上风向、地表水体上游且距离矿区 5 km 以上的点位作为对照点进行辐射环境监测。监测内容包括贯穿辐射剂量率、氡析出率、氡浓度、地表水和地下水水中 U$_{天然}$、$^{226}$Ra、$^{210}$Pb、$^{210}$Po、总 α 和总 β 活度浓度；土壤和底泥中 U$_{天然}$、$^{226}$Ra 含量。

## 2.4 退役治理源项实例

### 2.4.1 工程概况

某铀矿区位于南岭山脉南麓，属中高山地貌，海拔 1350～1700 m，主要工业场地的左岸地形陡峭，右岸地形相对较平缓，两岸呈不对称状，地势陡峻，切割强烈。溪谷为第四系残积。洪冲积层分布广，一般均有覆盖，地表植被发育，基岩为燕山期中粗粒花岗岩。铀矿于 1997 年开始筹建，1998 年履行了环境影响评价手续，同年开始实施现场工业性实验生产，到 2000 年建成，2003 年达到设计生产能力并通过工程竣工环境保护验收，投入正式运行。矿山已开拓有 1560 m、1520 m、1480 m、1440 m、1400 m、1360 m、1320 m 七个中段，1400 m 标高及以上的中段有平硐直通地表，1360 m 中段开掘有斜坡道直通地表，1320 m 中段开掘有斜井直通地表，并有通风人行天井互相联通，形成了以开拓运输、通风、排水等生产系统。并且地表建有完整的破碎、堆浸、水冶、废水处理、尾渣库等铀矿冶设施。

由于尾渣库、堆浸场、废石场等遗留有大量未中和的废渣和废石，还有被污染公路、被污染的工业建（构）筑物及各类污染设备、管线等，存在辐射环境污染风险。同时，部分建筑设施倒塌，部分设备锈蚀严重，加之厂房与工棚年久失修且多为简易木质结构，部分倒塌，对于厂区附近的村民行人存在安全隐患。对附近环境造成了一定的风险，存在辐射环境污染隐患。

## 2.4.2　源项调查内容

（1）基本要求

根据退役治理工作要求和计划，基于现场实际情况，确定源项调查范围。源项监测点位和监测频次应具有代表性，监测结果应能反映实际污染状况。使用的仪器应经相应计量单位刻度校准，监测取样和化验分析应符合有关技术规范，以保证调查结果的准确可靠。

（2）调查、监测范围

调查监测范围包括：坑井口、废石堆场、工业场地、堆浸渣场、尾矿库、建（构）筑物、设备器材和管线、可能受到污染的地表水体和道路等。

（3）监测内容

① 坑（井）口

在硐口及周围测量空气氡浓度和 γ 辐射空气吸收剂量率。测量各巷道、坑（井）口的宽度、高度，若有坑口水流出，检测坑口涌水流量、铀镭含量、pH 等。

② 矿石（渣）堆

开展矿石（渣）堆放射性水平监测，以 10 m×10 m 网格监测贯穿辐射剂量率，以 20 m×20 m 网格监测氡析出率；开展矿石（渣）中 U、$^{226}$Ra 含量；矿石（渣）堆下部土壤的 U、$^{226}$Ra 含量垂直分布监测，需监测到土壤中 $^{226}$Ra 含量小于 560 Bq/kg 为止，并在地形图上标出监测范围、监测点位置及编号。

收集各矿石（渣）堆的有关参数资料。参数包括各矿石（渣）堆的堆存总量，堆积体的占地面积与裸露面积等。

③ 工业场地

以 10 m×10 m 网格监测工业场地的贯穿辐射剂量率，并绘制监测布点图；开展工业场地的 U、$^{226}$Ra 含量垂直分布监测，需监测到土壤中 $^{226}$Ra 含量小于 180 Bq/kg 为止，并在地形图上标出监测范围、监测点位置及编号。布点数量依据场地实际情况，选择有代表性的点位而定，每个工业场地至少5个点以上。

④ 建（构）筑物

收集关于各建（构）筑物的名称、原始功能、建筑面积及层数等资料，将建（构）筑物按编号标于地形图上，并监测各建（构）筑物的贯穿辐射剂量率以及表面沾污数据。

⑤ 设备、器材和管线

收集被污染设备、器材、管线、电线等的详细清单，并按罗列相关信息，包括名称、规格型号、数量、是否还有再利用的价值、去污后去向等资料。并给出相应的表面沾污数据。

⑥ 地表水体

收集被污染水体的相关资料；监测水中 U、$^{226}$Ra 浓度和底泥 U、$^{226}$Ra 含量。

⑦ 污染道路

调查水冶厂场内和场外可能受到放射性废水和废物（废石或尾渣）污染的道路的相关情况。每相隔 10 m，在道路左、中、右各布设一个贯穿辐射剂量率监测点位；每相隔 150 m 布设一个路表层及下部土壤的 U、$^{226}$Ra 含量垂直分布监测点位，需监测到土壤中 $^{226}$Ra 含量小于 180 Bq/kg 为止。

## 2.4.3 监测方法与仪器设备

U、$^{226}$Ra、总 α、总 β、pH 的分析及 γ 辐射空气吸收剂量率、α 表面沾污、大气中 Rn 浓度、氡析出率的测量均采用相应国家标准方法，见表 2.2。

表 2.2 项目监测与分析方法一览表

| 检测项目 | 监测介质 | 标准编号 | 检出限 |
|---|---|---|---|
| γ 辐射空气吸收剂量率 | 固体 | GB/T 14583—1993 | $1 \times 10^{-9}$ Gy/h |
| α/β 表面污染 | 污染地面与设备表面 | GB/T 14056—2008 | 0.4 Bq |
| $^{222}$Rn | 空气 | GB/T 14582—1993 | 0.3 Bq/m$^3$ |
| U | 水 | GB/T 6768—1986 | 0.02 μg/L |
| | 土壤、岩石 | GB/T 550—2000 | 0.3 μg/g |
| | 生物 | GB/T 11223.2—1989 | $2.5 \times 10^{-8}$ g/g 灰 |
| $^{226}$Ra | 水 | GB/T 11214—1989 | $2 \times 10^{-3}$ Bq/L |
| | 土壤，岩石 | GB/T 13073—1991 | $9.0 \times 10^{-3}$ Bq/g |
| | 生物 | GB/T 13073—1991 | $9.0 \times 10^{-3}$ Bq/g |

| 检测项目 | 监测介质 | 标准编号 | 检出限 |
|---|---|---|---|
| 氡析出率 | 固体介质 | EL/T 979—1995 | 0.004 Bq/（m$^2$·s） |
| 总 α | 水 | GB/T 5750—2006 | 1.6×10$^{-2}$ Bq/L |
| 总 β | 水 | GB/T 5750—2006 | 2.8×10$^{-2}$ Bq/L |

## 2.4.4　环境背景值确定

根据研究结果，该地区区域原野 γ 辐射剂量率范围值 24.6～90.5 nGy/h，平均值为 56.9 nGy/h；道路 γ 辐射剂量率范围值 12.7～97.3 nGy/h，平均值为 39.8 nGy/h。水体中天然放射性核素浓度均属正常本底水平，水样的变化范围分别为：U＜0.02～4.40 μg/L，$^{226}$Ra＜1.10～150 mBq/L。农村井水中 U 含量 0.73 μg/L，$^{226}$Ra 含量 10.4 mBq/L。土壤$^{238}$U 含量范围值 27.4～56.4 Bq/kg，均值为 44.4 Bq/kg；$^{226}$Ra 含量范围值 33.9～58.6 Bq/kg，均值为 49.4 Bq/kg。

工程项目所在地环境背景值如表 2.3 所示。

表 2.3　环境背景值

| 序号 | 监测项目 | 单位 | 范围值 | 平均值 |
|---|---|---|---|---|
| 1 | 贯穿辐射剂量率 | ×10$^{-9}$ Gy/h | 105～320 | 181 |
| 2 | 地表水体中 U$_{天然}$ | μg/L | — | ＜5 |
| 3 | 地表水体中$^{226}$Ra | Bq/L | — | 17.0×10$^{-3}$ |
| 4 | 土壤和底泥中 U | Bq/kg | — | 60.9 |
| 5 | 土壤和底泥中$^{226}$Ra | Bq/kg | — | 143.7 |

注："—"代表未发现。

土源地实地调查表见表 2.4，土源地调查表 U、$^{226}$Ra 含量监测数据见表 2.5。

表 2.4　土源地调查表

| 序号 | 名称 | $^{222}$Rn 析出率/（Bq/m$^2$·s） | | | 贯穿辐射剂量率×10$^{-9}$ Gy/h | | |
|---|---|---|---|---|---|---|---|
| | | 测点数 | 范围值 | 均值 | 测点数 | 范围值 | 均值 |
| 1 | 土源地 | 5 | 0.06～0.09 | 0.08 | 5 | 102～130 | 118 |

表 2.5 土源地 U、$^{226}$Ra 含量监测数据表

| 序号 | 取样编号 | U 含量/(mg/kg) | $^{226}$Ra 含量/(Bq/kg) |
|---|---|---|---|
| 1 | 土源地 1 号 | 7.52 | 83.1 |
| 2 | 土源地 2 号 | 5.43 | 72.2 |
| 3 | 土源地 3 号 | 6.51 | 96.9 |
| 4 | 土源地 4 号 | 6.82 | 86.4 |
| 5 | 土源地 5 号 | 6.14 | 83.2 |

## 2.4.5 调查结果

对 SZ 铀矿区退役治理工程的坑井口、废石堆、尾矿（渣）/堆浸渣堆、尾矿（渣）库、建（构）筑、设备器材、管线、废（污）水排放沟、运矿公路等源项进行调查监测，确定需治理范围，SZ 铀矿区退役治理工程源项汇总见表 2.6，以矿井口、废石场、工业场地为例进行描述。

表 2.6 某铀矿区退役治理工程源项汇总表

| 序号 | 源项种类 | 项 目 | S 片区 | Z 片区 | 合计 |
|---|---|---|---|---|---|
| 1 | 坑（井）口 | 数量/个 | 7 | 5 | 12 |
|  |  | 出水坑口数量/个 | 3 | 3 | 6 |
| 2 | 废石场 | 数量/个 | 5 | 4 | 9 |
|  |  | 占地面积/m² | 23 854 | 8942 | 32 796 |
|  |  | 总裸露面积/m² | 27 035 | 11 005 | 38 040 |
|  |  | 废石量/万 t | 14.5 | 10.5 | 25 |
|  |  | 流失洒落废石/m³ | 40 | 1490 | 1530 |
| 3 | 工业场地 | 数量/个 | 8 | — | 8 |
|  |  | 占地面积/m² | 47 044 | — | 47 044 |
|  |  | 硬化水泥地面/m² | 10 547 | — | 10 547 |
| 4 | 尾渣库 | 数量/个 | 3 | — | 3 |
|  |  | 尾矿库占地面积/m² | 61 337 | — | 61 337 |
|  |  | 尾矿库堆浸渣和废石量/t | 37.4 | — | 37.4 |

| 序号 | 源项种类 | 项 | 目 | S片区 | Z片区 | 合计 |
|---|---|---|---|---|---|---|
| 5 | 建（构）筑物 | 建（构）筑物 | 数量/栋 | 113 | — | 113 |
| | | | 基底面积/m² | 9498 | — | 9498 |
| | | | 建筑面积/m² | 11 761 | — | 11 761 |
| | | 挡土墙 | 长度/m | 1394 | — | 1394 |
| | | 工业池罐 | 数量/个 | 49 | — | 49 |
| | | | 基底面积/m² | 6619 | — | 6619 |
| 6 | 设备、器材、管线 | 设备、器材 | 数量/台套 | 226 | — | 226 |
| | | | 重量/t | 272.2 | — | 272.2 |
| | | 管线 | 数量/m | 6458 | — | 6458 |
| | | | 重量/t | 4.28 | — | 4.28 |
| 7 | 运矿公路 | | 数量/个 | 1 | — | 1 |
| | | | 长度/m | 500 | — | 500 |

注："—"表示无此项。

（1）坑（井）口

SZ矿井于1998年建设，当年简易投产。矿井现采用的开拓方式为：1400 m中段以上采用平硐—溜井开拓，共5个中段（1560 m、1520 m、1480 m、1440 m和1400 m中段），1360 m中段为斜坡道开拓，1320 m中段以下采用斜井开拓，共3个中段（1320 m、1280 m和1240 m中段），中段高度40 m，斜井口轨面标高1390.02 m，井底标高1240 m。1400 m以上5个中段已接进终采闭坑，停产前主要在1360 m和1320 m中段回采，1280 m和1240 m中段开拓掘进。矿井采矿方法主要采用浅孔留矿法。在沙子江发展建设过程中，使用大量废石用于砌筑尾渣坝和挡土墙。根据资料收集和现场勘察，目前SZ矿区遗留坑口10个，竖井1个，典型井口、坑口照片如图2.3和图2.4所示。

图2.3　S片区一主斜井口

图 2.4　Z 片区—北坑口

坑井口源项调查结果如表 2.7 所示，SZ 矿区遗留坑口均无坍塌情况；1520 坑口氡浓度、贯穿辐射剂量率范围值最大，可达 1287 Bq/m³、（1514～6420）×10⁻⁹ Gy/h，辐射贯穿剂量率均值为 2163×10⁻⁹ Gy/h，通风井（竖井）氡浓度与贯穿辐射剂量率范围值为 234 Bq/m³、（289～746）×10⁻⁹ Gy/h，辐射贯穿剂量率均值为 536×10⁻⁹ Gy/h，1360、1400、1440 南、1470、1490、1440 北、1480、1560 坑口氡浓度范围值为 737～1102 Bq/m³，辐射贯穿剂量率范围值为（386～1757）×10⁻⁹ Gy/h，贯穿辐射剂量率均值为（565～1023）×10⁻⁹ Gy/h；1470 坑口流出水量最大为 9.6 L/min，出水中 U 含量与 $^{226}$Ra 含量为 57.1 μg/L、0.169 Bq/L，1440 北坑口流出水中 U 含量最高，为 201 μg/L，其流出水量 6.3 L/min，1440 南坑口流出水 U 含量最低，为 9.57 μg/L，流出水量 8.7 L/min。

表 2.7　坑井口源项调查结果

| 序号 | 名称 | 硐口标高/m | 硐口宽度/m | 硐口长度/m | 硐口深度/m | 氡浓度/(Bq/m³) | 是否坍塌 | 贯穿辐射剂量率 ×10⁻⁹ Gy/h | | 流出水 | | |
|---|---|---|---|---|---|---|---|---|---|---|---|---|
| | | | | | | | | 测点数 | 范围值 | 均值 | 水量/(L/min) | U含量/(μg/L) | $^{226}$Ra含量/(Bq/L) |
| 1 | 1360 坑口（斜坡道口） | 1371 | 3.0 | 2.5 | 46 | 758 | 否 | 10 | 459～774 | 614 | — | — | — |
| 2 | 1400 坑口 | 1400 | 2.8 | 2.6 | 1064 | 737 | 否 | 10 | 478～675 | 565 | 5.6 | 66.4 | 0.085 |
| 3 | 1440 南坑口 | 1440 | 3.0 | 2.5 | 512 | 821 | 否 | 10 | 486～857 | 634 | 8.7 | 9.57 | 0.021 |
| 4 | 1470 坑口 | 1480 | 2.5 | 2.3 | 230 | 763 | 否 | 10 | 439～880 | 595 | 9.6 | 57.1 | 0.169 |
| 5 | 1490 坑口 | 1505 | 2.8 | 2.4 | 264 | 912 | 否 | 10 | 658～1065 | 883 | — | — | — |
| 6 | 1392 主斜井口 | 1392 | 3.5 | 3.0 | 216 | 875 | 否 | 15 | 386～891 | 707 | — | — | — |
| 7 | 85 号通风井（竖井） | 1455 | 1.3 | 2.8 | 210 | 234 | 否 | 5 | 289～746 | 536 | — | — | — |
| 8 | 1440 北坑口 | 1440 | 3.2 | 2.4 | 637 | 794 | 否 | 10 | 540～821 | 629 | 6.3 | 201 | 0.056 |
| 9 | 1480 坑口 | 1480 | 3.0 | 2.3 | 370 | 1102 | 否 | 10 | 823～1254 | 1023 | 5.1 | 18.1 | 0.011 |

续表

| 序号 | 名称 | 硐口标高/m | 硐口宽度/m | 硐口长度/m | 硐口深度/m | 氡浓度/(Bq/m³) | 是否坍塌 | 贯穿辐射剂量率 ×10⁻⁹ Gy/h | | | 流出水 | | |
|---|---|---|---|---|---|---|---|---|---|---|---|---|---|
| | | | | | | | | 测点数 | 范围值 | 均值 | 水量/(L/min) | U含量/(μg/L) | ²²⁶Ra含量/(Bq/L) |
| 10 | 1520坑口 | 1520 | 2.2 | 1.8 | 325 | 1287 | 否 | 10 | 1514~6420 | 2163 | 4.6 | 156 | 0.083 |
| 11 | 1560坑口 | 1560 | 3.0 | 2.4 | 108 | 943 | 否 | 10 | 658~1757 | 861 | — | — | — |
| 12 | 1440 m 北风井 | 1440 | 1.3 | 2.8 | 20 | 737 | 否 | 3 | 659~705 | 687 | — | — | — |

注:"—"表示未测。

**（2）废石场**

SZ矿区在工业试验期间,在老1号堆废石场,老2号堆废石场上堆放了大量堆浸尾渣和废石,目前,老2号堆堆上的堆浸尾渣已基本清理至尾渣库。

矿区的老1号堆废石场,老2号堆废石场为20世纪90年代工业试验期间建设使用。老1号堆废石场(原堆场)建在1440 m中段平硐口附近原勘探遗留的废石场上,地形为一边开口的山谷。为保证堆场的安全,靠山坡两侧已砌筑断面为0.36 m²的截洪排水沟,以防场外雨水流入堆场。根据工业试验堆和废石场所在的地形条件,在老2号堆废石场开口的坡脚处设置挡渣墙,防止废渣(废石和尾渣)流失和保证废渣场稳定。目前老2号堆上的堆浸尾渣和废石已清理至尾渣库。在矿井投产后,由于当地石料缺乏,大部分采出废石均已用作尾渣库砌坝、排水沟和挡土墙。

截至本次源项调查时,SZ铀矿区项目共有9个废石场,其中S片区5个:老1号堆废石场(1废)、老2号堆废石场(2废)、1392废石场(3废)、1470废石场(4废)、1490废石场(5废);Z片区废石场4个:1440废石场(6废)、1480废石场(7废)、1520废石场(8废)、1560废石场(9废)。9个废石场共占地32 796 m²,总裸露面积为38 040 m²,废石量为25万t,流失洒落废石为1530 m³,废石场照片见图2.5,废石场源项调查结果见表2.8。

图2.5 铀矿山废石场

表 2.8　废石场源项调查结果

| 序号 | 名　称 | 备注 | 编号 | 占地面积/m² | 裸露面积/m² 总裸露面积 | 裸露面积/m² 平台裸露面积 | 裸露面积/m² 边坡裸露面积 | 废石量/t | 流失洒落废石/m³ |
|---|---|---|---|---|---|---|---|---|---|
| 1 | 老1号堆废石场 | S片区 | 1废 | 6546 | 7561 | 3164 | 4397 | 3.5×10⁴ | — |
| 2 | 老2号堆废石场 | S片区 | 2废 | 6077 | 6300 | 4961 | 1339 | 0.6×10⁴ | 20 |
| 3 | 1392废石场 | S片区 | 3废 | 8308 | 9740 | 3536 | 6204 | 8.5×10⁴ | — |
| 4 | 1470废石场 | S片区 | 4废 | 1414 | 1778 | 201 | 1577 | 1.3×10⁴ | 20 |
| 5 | 1490废石场 | S片区 | 5废 | 1509 | 1656 | 773 | 883 | 0.6×10⁴ | — |
| 6 | 1440废石场 | Z片区 | 6废 | 2604 | 2979 | 730 | 2249 | 2.3×10⁴ | 1200 |
| 7 | 1480废石场 | Z片区 | 7废 | 2566 | 3344 | 622 | 2722 | 4.5×10⁴ | 230 |
| 8 | 1520废石场 | Z片区 | 8废 | 1567 | 2067 | 318 | 1749 | 2.5×10⁴ | 60 |
| 9 | 1560废石场 | Z片区 | 9废 | 2205 | 2615 | 153 | 2462 | 1.2×10⁴ | — |
| | 总计 | | | 32 796 | 38 040 | 14 458 | 23 582 | 25×10⁴ | 1530 |

注："—"表示无此项。

废石场源项辐射环境调查结果如表 2.9 所示，各废石场氡析出率、贯穿辐射剂量率及废石中放射性核素含量监测结果显示：2 废氡析出率、$\gamma$ 辐射空气吸收剂量率、U 含量以及 $^{226}$Ra 含量均值最低，分别为 0.59 Bq/（m²·s）、577×10⁻⁹ Gy/h、48.2 mg/kg、637 Bq/kg，8 废氡析出率、$\gamma$ 辐射空气吸收剂量率、U 含量以及 $^{226}$Ra 含量均值最高，分别为 1.86 Bq/（m²·s）、2159×10⁻⁹ Gy/h、183 mg/kg、2409 Bq/kg，1 废、3 废～7 废、9 废中 U、$^{226}$Ra 含量范围值为 23.1～286 mg/kg、305～3785 Bq/kg，均值为 79.2～178 mg/kg、1022～2326 Bq/kg，氡析出率、$\gamma$ 辐射空气吸收剂量率范围值为 0.81～3.57 Bq/（m²·s）、（303～6800）×10⁻⁹ Gy/h。

表 2.9　废石场源项辐射环境调查结果

| 序号 | 编号 | 氡析出率/(Bq/m²·s) 测点数 | 氡析出率/(Bq/m²·s) 范围值 | 氡析出率/(Bq/m²·s) 均值 | $\gamma$辐射空气吸收剂量率 ×10⁻⁹ Gy/h 测点数 | $\gamma$辐射空气吸收剂量率 ×10⁻⁹ Gy/h 范围值 | $\gamma$辐射空气吸收剂量率 ×10⁻⁹ Gy/h 均值 | U含量/(mg/kg) 测点数 | U含量/(mg/kg) 范围值 | U含量/(mg/kg) 均值 | $^{226}$Ra含量/(Bq/kg) 测点数 | $^{226}$Ra含量/(Bq/kg) 范围值 | $^{226}$Ra含量/(Bq/kg) 均值 |
|---|---|---|---|---|---|---|---|---|---|---|---|---|---|
| 1 | 1废 | 15 | 1.78～3.57 | 1.54 | 56 | 378～5052 | 1011 | 5 | 46.7～123 | 81.2 | 5 | 594～1562 | 1065 |
| 2 | 2废 | 17 | 0.26～1.16 | 0.59 | 61 | 238～1808 | 577 | 3 | 38.5～64.2 | 48.2 | 3 | 502～821 | 637 |

| 序号 | 编号 | 氡析出率/<br>(Bq/m²·s) | | | γ辐射空气吸收剂量率<br>×10⁻⁹ Gy/h | | | U 含量/<br>(mg/kg) | | | ²²⁶Ra 含量/<br>(Bq/kg) | | |
|---|---|---|---|---|---|---|---|---|---|---|---|---|---|
| | | 测点数 | 范围值 | 均值 | 测点数 | 范围值 | 均值 | 测点数 | 范围值 | 均值 | 测点数 | 范围值 | 均值 |
| 3 | 3废 | 22 | 0.83～3.24 | 1.46 | 89 | 317～6800 | 1104 | 5 | 32.5～253 | 136 | 5 | 425～3326 | 1759 |
| 4 | 4废 | 6 | 0.86～1.43 | 1.14 | 14 | 309～1239 | 741 | 5 | 45.4～135 | 84.1 | 5 | 580～1741 | 1104 |
| 5 | 5废 | 8 | 0.81～1.49 | 1.11 | 15 | 405～1098 | 753 | 5 | 44.3～286 | 178 | 5 | 567～3785 | 2326 |
| 6 | 6废 | 6 | 0.93～2.15 | 1.31 | 26 | 498～2131 | 1060 | 5 | 23.1～124 | 79.2 | 5 | 305～1612 | 1022 |
| 7 | 7废 | 6 | 1.06～1.35 | 1.22 | 31 | 595～1754 | 1021 | 5 | 38.6～285 | 166 | 5 | 505～3652 | 2125 |
| 8 | 8废 | 7 | 1.35～2.98 | 1.86 | 15 | 541～8408 | 2159 | 8 | 17.2～275 | 183 | 8 | 226～3537 | 2409 |
| 9 | 9废 | 7 | 0.93～2.76 | 1.55 | 24 | 303～3961 | 1472 | 5 | 75.6～267 | 165 | 5 | 1007～3426 | 2098 |

废石场土壤垂直分布监测结果如图 2.6 所示，废石场整体上土壤表层 U、²²⁶Ra 含量最高，在 0.6 m 土壤的深度内，土壤放射性核素 U、²²⁶Ra 含量随监测深度的增加而减小，可能是由于堆放的废石经风吹、雨淋等自然作用，废石中的 U、²²⁶Ra 逐渐被淋滤出来，堆积在表层土壤中，经过吸附、络合等作用使得大部分$^{238}$U、²²⁶Ra 存留在表层土壤中，废石中其余部分$^{238}$U、²²⁶Ra 在土壤渗漏作用下进入浅层土壤，导致下层土壤中$^{238}$U、²²⁶Ra 含量明显降低，1520 废石场（7～10）表层土壤（0～20 cm）放射性核素 U、²²⁶Ra 含量显著高于 1440（1～3）、1480（4～6）、1560（11～15）废石场，U、²²⁶Ra 含量范围值分别为 146～326 mg/kg、1538～3491 Bq/kg。

废石场周边地表水水质监测结果由表 2.10 所示，各小溪 pH 在 6.81～7.42，炸药旁小溪 U 含量最高，为 9.05 μg/L，W1～W6 小溪水中²²⁶Ra 含量在 0.025～0.078 Bq/L，W6 小溪底泥中 U、²²⁶Ra 含量分别为 8.3 mg/kg、95.6 Bq/kg。

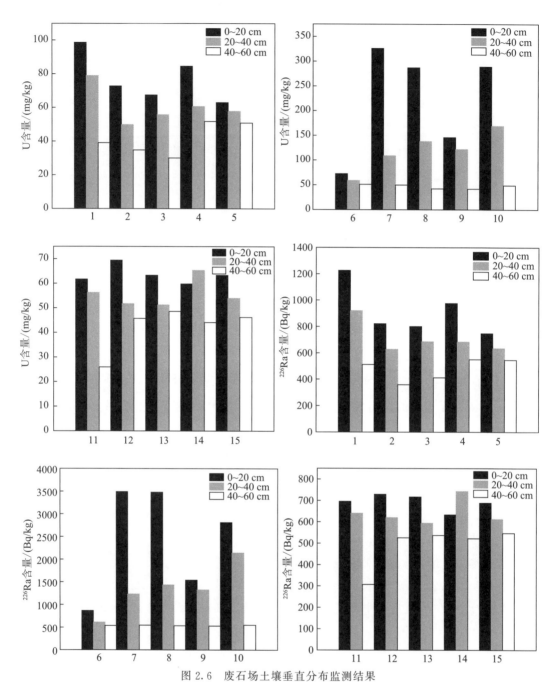

图 2.6　废石场土壤垂直分布监测结果

注：1～3 监测点位于 1440 废石场，4～6 监测点位于 1480 废石场，

7～10 监测点位于 1520 废石场，11～15 监测点位于 1560 废石场

表 2.10　废石场周边地表水水质监测结果

| 监测断面 | 编号 | 水质监测结果 | | | 底泥监测结果 | | 备注 |
|---|---|---|---|---|---|---|---|
| | | U/<br>($\mu$g/L) | $^{226}$Ra/<br>(Bq/L) | pH | U 含量/<br>(mg/kg) | $^{226}$Ra 含量/<br>(Bq/kg) | |
| 小溪上游（废<br>石场上方） | W1 | 0.75 | 0.028 | 7.05 | — | — | 石头、无底泥 |
| 小溪中游（废<br>石场下方） | W2 | 6.54 | 0.078 | 7.00 | — | — | 石头、无底泥 |
| 小溪下游（废<br>石场下方） | W3 | 2.50 | 0.072 | 6.81 | — | — | 石头、无底泥 |
| 炸药库旁小溪 | W4 | 9.05 | 0.028 | 6.90 | — | — | 石头、无底泥 |
| 废石场旁小溪 | W5 | 2.40 | 0.055 | 7.42 | — | — | 石头、无底泥 |
| 老 2 号堆废石<br>场旁小溪 | W6 | 0.65 | 0.025 | 7.30 | 8.3 | 95.6 | 含沙量较大 |

（3）工业场地

SZ 铀矿属铀常规水冶生产工艺，技改后的主要流程为原矿—破碎—筑堆—串联堆浸—吸附—淋洗—沉淀—过滤—"111"产品。该工程工艺复杂，控制难度大，生产战线长。常规水冶生产期间，构筑物及生产设备、设施都受到过不同程度的污染。自停产以来，管网陈旧老化，槽罐及配套设备、输送管线锈蚀，加之径流经水冶厂的水体和雨水作用，铀原矿、铀产品运输等多重因素影响，造成工业场地存在一定的辐射环境污染。工业场地占地面积 47 044 m²，水泥硬化地面面积为 10 547 m²，硬化水泥平均厚度约 0.25 m，遗留废石 6138 m³。源项调查结果见表 2.11。

表 2.11　工业场地源项调查表

| 序号 | 名称 | 编号 | 占地面积/m² | 源项设施 | 水泥硬化地面/m² | 遗留废石/m³ |
|---|---|---|---|---|---|---|
| 1 | 水冶工业场地 | 1 场 | 13 191 | 水冶车间、废水处理车间、环境监测室、石灰乳车间、浓密池、原液池、污水池、尾液池等 | 2083 | 2130 |

| 序号 | 名称 | 编号 | 占地面积/m² | 源项设施 | 水泥硬化地面/m² | 遗留废石/m³ |
|---|---|---|---|---|---|---|
| 2 | 水冶辅助工业场地 | 2场 | 6092 | 材料库、钳工房、机修房、老风压机房、锅炉房、工具房、浴室、硫酸罐、化盐池、配盐池等 | 1445 | 550 |
| 3 | 破碎工业场地 | 3场 | 9560 | 新破碎车间、扒渣机房、新风压机房以及少量工棚等 | 3050 | 2980 |
| 4 | 旧破碎工业场地 | 4场 | 596 | 原破碎设施所在场地,地面设施现已移除 | — | 70 |
| 5 | 炸药库 | 5场 | 951 | 废弃炸药库设施 | 246 | 50 |
| 6 | 西部工棚区 | 6场 | 4902 | 残留工棚、临近1392坑口及破碎工业场地 | — | 66 |
| 7 | 生活办公区 | 7场 | 10 160 | 办公楼、宿舍、工棚等 | 3723 | 280 |
| 8 | 三期库坝下工业场地 | 8场 | 1592 | 三期坝下废水收集池等 | — | 12 |
| | 合计 | | 47 044 | | 10 547 | 6138 |

工业场地源项辐射环境调查结果如表 2.12 所示,3 场贯穿辐射剂量率、氡析出率均值最大,为 $1188×10^{-9}$ Gy/h、1.74 Bq/(m²·s),4 场放射性核素 U、$^{226}$Ra 含量最高,其均值分别为 159 mg/kg、2059 Bq/g,1、3 场贯穿辐射剂量率值差异较大,测点数较多,范围值分别为 $(191～9790)×10^{-9}$、$(297～8257)×10^{-9}$ Gy/h,测点数为 115、77 个,1～3、5～8 场放射性核素 U、$^{226}$Ra 含量范围值为 16.5～251 mg/kg、216～3163 Bq/g,其均值分别为 137、81.5、121、76.5、66.1、74.6、109 mg/kg 及 1799、1076、1582、981、869、968、1422 Bq/g。

表 2.12 工业场地源项辐射环境调查表

| 序号 | 编号 | 贯穿辐射剂量率/×10⁻⁹ Gy/h | | | $^{222}$Rn 析出率/(Bq/m$^2$·s) | | | U 含量/(mg/kg) | | | $^{226}$Ra 含量/(Bq/g) | | |
|---|---|---|---|---|---|---|---|---|---|---|---|---|---|
| | | 测点数 | 范围值 | 均值 | 测点数 | 范围值 | 均值 | 测点数 | 范围值 | 均值 | 测点数 | 范围值 | 均值 |
| 1 | 1 场 | 115 | 191～9790 | 712 | 13 | 0.48～1.89 | 0.99 | 5 | 43.2～251 | 137 | 5 | 569～3163 | 1799 |
| 2 | 2 场 | 54 | 198～480 | 315 | 6 | 0.21～0.69 | 0.38 | 5 | 16.5～156 | 81.5 | 5 | 216～1987 | 1076 |
| 3 | 3 场 | 77 | 297～8257 | 1188 | 9 | 0.75～3.59 | 1.74 | 5 | 54.3～201 | 121 | 5 | 689～2567 | 1582 |
| 4 | 4 场 | 6 | 757～1343 | 937 | 6 | 0.78～1.96 | 1.19 | 5 | 60.4～269 | 159 | 5 | 785～3469 | 2059 |
| 5 | 5 场 | 13 | 317～1375 | 570 | 7 | 0.27～71 | 0.40 | 5 | 32.2～122 | 76.5 | 5 | 427～1565 | 981 |
| 6 | 6 场 | 48 | 299～934 | 450 | 8 | 0.29～0.77 | 0.52 | 5 | 26.5～109 | 66.1 | 5 | 337～1424 | 869 |
| 7 | 7 场 | 72 | 156～546 | 225 | 6 | 0.19～0.35 | 0.25 | 5 | 25.3～128 | 74.6 | 5 | 316～1652 | 968 |
| 8 | 8 场 | 16 | 221～388 | 289 | 5 | 0.24～0.42 | 0.31 | 5 | 29.8～196 | 109 | 5 | 389～2537 | 1422 |

工业场地土壤 U、$^{226}$Ra 含量垂直分布监测结果如图 2.7 所示。由于在停产后管网陈旧老化，配套设施、输送管线锈蚀在降雨淋滤等作用下使得工业场地土壤存在一定的辐射环境污染，整体上土壤中 U、$^{226}$Ra 含量随监测深度的增加呈下降趋势，可能是由于设备、设施在径流、降雨淋滤等作用下使得 U、$^{226}$Ra 最先接触表层土壤，经过吸附、络合等作用使得大部分核素存留于表层土壤中，导致下层土壤中放射性核素含量显著下降，破碎 6 场表层土壤放射性核素 U、$^{226}$Ra 含量最高，为 642 mg/kg、7845 Bq/kg，破碎 3场 0.4～0.6 m 土壤中 U、$^{226}$Ra 含量高于 0.2～0.4 m，水冶 2 场表层土壤放射性核素 U、$^{226}$Ra 含量要高于其余 3 个水冶场地，分别为 65.1 mg/kg、785 Bq/kg。

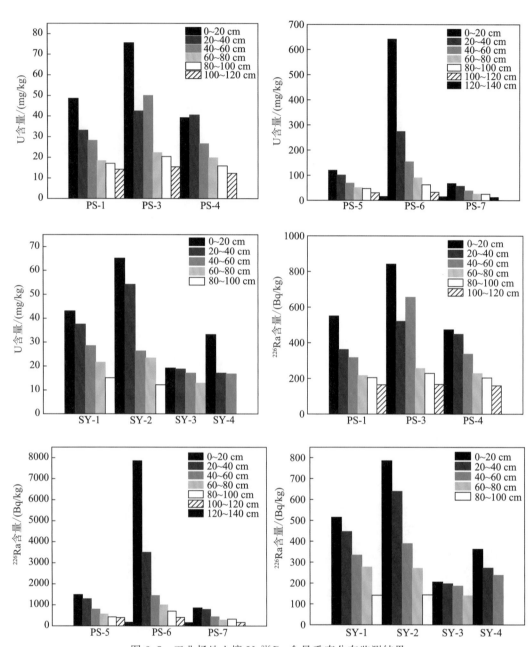

图 2.7　工业场地土壤 U、$^{226}$Ra 含量垂直分布监测结果

注：PS 为破碎工业场地，SY 为水冶工业场地

### 2.4.6  矿区环境风险评价

（1）地下水健康风险评价

1）健康风险评价方法

为了预防当地居民受到过量辐射，对通过饮用水引起的放射性剂量评价迫在眉睫。人体通过饮用水引起的年有效剂量见式（2.1）[6]：

$$AED = 2 \times 365 \times \sum_i A_i \times DC_i \tag{2.1}$$

式中，AED 为年有效剂量，mSv/a；2 为成人每天平均饮水量[6]，L/d；365 d/a；$DC_i$ 为剂量转换系数，mSv/Bq。

放射性核素通过饮用水对居民产生的终身致癌风险值可由式（2.2）得出[7]：

$$LTRA = AED \times DL \times RF \times 10^{-3} \tag{2.2}$$

式中，LTRA 为终身致癌风险；DL 为寿命，76.1 年[8]；RF 为致癌风险转换因子，$Sv^{-1}$。

剂量转换系数和患癌风险转换因子见表 2.13。

表 2.13  剂量转换系数和患癌风险转换因子

| 指标 | $^{238}U$ | $^{226}Ra$ |
| --- | --- | --- |
| 剂量转换系数/（mSv/Bq）[17] | $4.5 \times 10^{-5}$ | $2.8 \times 10^{-4}$ |
| 患癌风险转换因子/（$Sv^{-1}$）[18] | $1.73 \times 10^{-9}$ | $1.04 \times 10^{-8}$ |

2）评价结果

环境中存在的放射性主要通过 3 种途径（吸入、食入和皮肤）对人产生放射性剂量贡献。对饮用水而言，其主要通过饮用水途径对人体产生剂量贡献。

坑井口源项调查区域健康风险评价如表 2.14 所示，表给出了坑井口区域水体中放射性核素 $^{238}U$ 和 $^{226}Ra$ 通过饮用水对人体产生的年有效剂量以及患癌风险值。

表 2.14  坑井口居民因饮用地下水所致的年有效剂量和致癌风险

| 核素名称 | 平均浓度/（Bq/L） | 变异系数/% | 年摄入量/（Bq/a） | 待积有效剂量/Sv | 年有效剂量/（mSv/a） | 所占比例/% | 致癌风险/a |
| --- | --- | --- | --- | --- | --- | --- | --- |
| $^{238}U$ | 0.525 | 161.27 | 383.330 | $1.725 \times 10^{-5}$ | $2.07 \times 10^{-1}$ | 70.44 | $2.725 \times 10^{-11}$ |
| $^{226}Ra$ | 0.035 4 | 150.67 | 25.854 | $7.239 \times 10^{-6}$ | $8.69 \times 10^{-2}$ | 29.56 | $6.875 \times 10^{-11}$ |
| 合计 | 0.560 4 | — | 409.184 | $2.426 \times 10^{-5}$ | | 100 | — |

由表 2.15 可知，该研究区域$^{238}$U 和$^{226}$Ra 通过饮用水对附近居民产生的年有效剂量分别为 $2.07\times10^{-1}$ 和 $8.69\times10^{-2}$ mSv/a，产生的终身患癌风险最大为 $6.875\times10^{-11}$，低于利用公式（2.2）计算的葡萄牙 Horta da Vilariça 铀矿[9]开采前周围井水饮用水$^{238}$U最高活度浓度对居民的终身致癌风险为 $2.1\times10^{-10}$ 和美国 Wyoming 铀矿周围井水饮用水中$^{226}$Ra 对居民的终身致癌风险为 $3.5\times10^{-9}$，属低的患癌风险。本文还根据相关文献[10]，把当地居民分为 3 个年龄组，分别为幼儿组（<7 岁）、少年组（7~17岁）、成人组（≥18 岁）。表 2.15 列出了不同年龄组的年摄入水量，并依据相关文献计对其区域各年龄组通过饮用水可能引起的内照射剂量进行评价，结果如图 2.8 所示。

表 2.15　各年龄组的年摄入水量

| 类别 | 幼儿组 | 少年组 | 成人组 |
| --- | --- | --- | --- |
| 年龄/岁 | <7 | 7~17 | ≥18 |
| 年摄入水量/L | 400 | 500 | 730 |

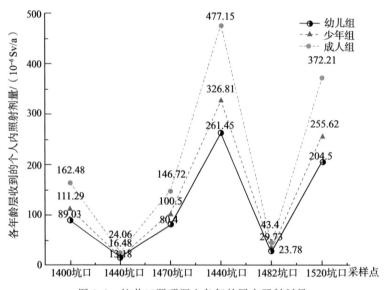

图 2.8　坑井口源项调查各年龄层内照射剂量

由图 2.8 可知，SZ 矿井坑（井）口的源项调查水域引起的辐射剂量在不同年龄组是存在差异的。其中幼儿年龄组受到的个人辐射剂量范围为 $(13.18\sim261.00)\times10^{-6}$Sv/a，少年年龄组受到的个人辐射剂量范围为 $(16.48\sim326.81)\times10^{-6}$Sv/a，成人年龄组受到的个人辐射剂量范围为 $(24.06\sim477.15)\times10^{-6}$Sv/a。

（2）土壤放射性水平评价

1）γ 辐射吸收剂量率和年有效剂量率评价方法

针对矿区土壤环境可根据测量的土壤中$^{40}$K、$^{226}$Ra 和$^{232}$Th 的放射性比活度，计算土

壤 γ 辐射吸收剂量率和年有效剂量率，评价土壤放射性对环境产生较大的影响。

由 Beck 公式（2.3）计算离地表 1 m 高处空气中的 γ 辐射吸收剂量率[11-13]：

$$D = a_K \times Q_K + a_{Ra} \times Q_{Ra} + a_{Th} \times Q_{Th} \qquad (2.3)$$

式中，$D$ 为距地表 1 m 高处空气中的 γ 辐射吸收剂量率，nGy/h；$a_K$、$a_{Ra}$ 和 $a_{Th}$ 为 $^{40}$K、$^{226}$Ra 和 $^{232}$Th 的换算系数，分别为 0.043、0.427 和 0.662 nGy·kg/Bq·h[11-13]；$Q_K$、$Q_{Ra}$ 和 $Q_{Th}$ 分别表示土壤中 $^{40}$K、$^{226}$Ra 和 $^{232}$Th 的放射性比活度（Bq/kg）。

年有效剂量率计算 $D_{acdr}$ 可用公式（2.4）计算[11-13]：

$$D_{acdr} = D \times 8760 \times a_1 \times a_2 \times 10^{-3} \qquad (2.4)$$

式中，$a_1$（0.2）是室外居留因子；$a_2$（0.7 Sv/Gy）是大气中吸收剂量转换为成年有效剂量的换算系数[11-13]。本研究区只对 $^{226}$Ra 进行计算。

2）计算结果与评价

由公式（2.3）和公式（2.4）该矿区废石场周边土壤中 $^{226}$Ra 的含量及 γ 辐射吸收剂量率和年有效剂量率计算结果见表 2.16。

表 2.16　废石场周边 $^{226}$Ra 含量及 γ 辐射吸收剂量率和年有效剂量率

| 采样点 | $^{226}$Ra/（Bq/kg） | D/（nGy/h） | Dacdr/（μSv/a） |
|---|---|---|---|
| 1440-1 | 1226 | 523.502 | 642.023 |
| 1440-2 | 822 | 350.994 | 430.459 |
| 1440-3 | 801 | 342.027 | 419.462 |
| 1480-1 | 976 | 416.752 | 511.105 |
| 1480-2 | 748 | 319.396 | 391.707 |
| 1480-3 | 867 | 370.209 | 454.024 |
| 1520-1 | 3491 | 1 490.657 | 1 828.142 |
| 1520-2 | 3478 | 1 485.106 | 1 821.334 |
| 1520-3 | 1538 | 656.726 | 805.409 |
| 1520-4 | 2811 | 1 200.297 | 1 472.044 |
| 1560-1 | 696 | 297.192 | 364.476 |
| 1560-2 | 729 | 311.283 | 381.757 |
| 1560-3 | 717 | 306.159 | 375.473 |
| 1560-4 | 633 | 270.291 | 331.485 |
| 1560-5 | 688 | 293.776 | 360.287 |
| 1392-1 | 952 | 406.504 | 498.537 |
| 1392-2 | 852 | 363.804 | 446.169 |
| 1392-3 | 737 | 314.699 | 385.947 |

续表

| 采样点 | $^{226}$Ra/ (Bq/kg) | $D$/ (nGy/h) | Dacdr/ ($\mu$Sv/a) |
|---|---|---|---|
| 1392-4 | 1245 | 531.615 | 651.973 |
| 1392-5 | 978 | 417.606 | 512.152 |
| 1392-6 | 814 | 347.578 | 426.270 |
| L1-1 | 3425 | 1 462.475 | 1 793.579 |
| L1--2 | 1975 | 843.325 | 1 034.254 |
| L1-3 | 4530 | 1 934.310 | 2 372.238 |
| L1--4 | 4536 | 1 936.872 | 2 375.380 |
| L2-1 | 2145 | 915.915 | 1 123.278 |
| L2-2 | 2027 | 865.529 | 1 061.485 |
| L2-3 | 2522 | 1076.894 | 1 320.703 |
| L2-4 | 1834 | 783.118 | 960.416 |
| L2-5 | 1998 | 853.146 | 1 046.298 |
| 1470-1 | 2847 | 1 215.669 | 1 490.896 |
| 1470-2 | 3194 | 1 363.838 | 1 672.611 |
| 1470-3 | 1260 | 538.020 | 659.828 |
| 1470-4 | 2162 | 923.174 | 1 132.181 |
| 1470-5 | 1700 | 725.900 | 890.244 |
| 1490-1 | 685 | 292.495 | 358.716 |
| 1490-2 | 839 | 358.253 | 439.361 |
| 1490-3 | 621 | 265.167 | 325.201 |
| 1490-4 | 693 | 295.911 | 362.905 |
| 全国平均值 | 37.6 | 81.500 | 595.000 |
| 世界平均值 | 40.0 | 80.000 | 460.000 |

由表 2.16 结果可知，研究区表层土壤放射性除 ZK25～ZK27 采样点以外，其余采样点在距离地表 1 m 高处产生的 γ 辐射吸收剂量率均值为 658.719 nGy/h，比全国平均水平和世界平均水平高出 8 倍左右，均高于全国和世界水平。由此可见，研究区内矿石赋存着较多的放射性核素，导致辐射吸收剂量率较高。除此，研究区土壤放射性的年有效剂量率均值为 807.853 $\mu$Sv/a，约为联合国原子辐射效应科学委员会（UNSCEAR）推荐的平均年有效剂量率（460 $\mu$Sv/a）的 1.7 倍，同时也高于全国平均水平。说明本研究区属高放射性水平区，其土壤放射性对环境产生较大的影响。

（3）土壤污染评价

1）地质累积指数法

地质累积指数法于 20 世纪 60 年代由德国科学家 Muller 提出，考虑自然地质作用的同时也考虑了人为活动对研究变量的影响，目前已被国内外众多学者广泛应用于人类活动产生的重金属对土壤污染评价中，该方法的计算公式为：

$$I_{geo} = \log_2 (C_i / 1.5B_m) \tag{2.5}$$

式中，$I_{geo}$ 为地质累计指数；$C_i$ 为污染物 $i$ 的实测值；1.5 为背景值变动的修正系数；$B_m$ 为污染物 $m$ 的背景值。地质累积指数法的污染评价分级标准如表 2.17 所示。

表 2.17　地质累积指数法评价分级标准

| 污染等级 | 地质累积指数 | 污染程度 |
|---|---|---|
| 0 | $I_{geo} < 0$ | 清洁 |
| 1 | $0 \leqslant I_{geo} < 1$ | 无污染—轻微污染 |
| 2 | $1 \leqslant I_{geo} < 2$ | 中度污染 |
| 3 | $2 \leqslant I_{geo} < 3$ | 中度污染—重度污染 |
| 4 | $3 \leqslant I_{geo} < 4$ | 重度污染 |
| 5 | $4 \leqslant I_{geo} < 5$ | 重度污染—极重度污染 |
| 6 | $I_{geo} \geqslant 5$ | 极重度污染 |

2）潜在生态风险指数法

潜在生态指数法是由瑞典环境保护委员会的 Lars Hakanson 于 1980 年提出，用于对单个重金属或多个重金属进行生态风险评价的一种模型，经过多年研究与发展已被用于水环境污染、土壤环境污染等多个领域，其计算公式见式 2.6～式 2.8。潜在生态风险指数法评价标准见表 2.18。

$$C_r^i = \frac{C^i}{C_n^i} \tag{2.6}$$

$$E_r^i = T_r^i \times C_r^i \tag{2.7}$$

$$RI = \sum_{i=1}^{n} E_r^i \tag{2.8}$$

式中，$C_r^i$ 为单个重金属的污染指数；$E_r^i$ 为单个重金属潜在生态风险指数；RI 为多种重金属潜在生态风险指数；$C^i$ 为重金属在土壤中的实测值；$C_n^i$ 为污染元素的背景值；$T_r^i$ 为毒性响应系数。

表 2.18　重金属生态风险评价标准

| 单个重金属潜在生态风险系数 | 单个重金属生态风险程度 | 多种重金属潜在生态风险指数 | 总的潜在风险程度 |
|---|---|---|---|
| $E_r^i < 40$ | 轻微 | RI<150 | 轻微 |
| $40 \leqslant E_r^i < 80$ | 中等 | $150 \leqslant RI < 300$ | 中等 |
| $80 \leqslant E_r^i < 160$ | 强 | $300 \leqslant RI < 600$ | 强 |
| $160 \leqslant E_r^i < 320$ | 很强 | $600 \leqslant RI$ | 很强 |
| $320 \leqslant E_r^i$ | 极强 | — | — |

3）评价结果分析

为保证评价结果的准确性和科学性，采用地质累积指数法和潜在生态风险指数法对研究区进行放射性核素污染评价，并对比两种方法的评价结果（表 2.19）。

表 2.19　地质累积指数法和潜在生态风险指数法评价结果

| 采样点 | 地质累积指数法 | | 潜在生态风险指数法 | | |
|---|---|---|---|---|---|
| | $I_{geo}$（$^{238}$U） | $I_{geo}$（$^{226}$Ra） | $E_r$（$^{238}$U） | $E_r$（$^{226}$Ra） | RI |
| 1 | 3.82 | 3.67 | 79.77 | 69.62 | 149.39 |
| 2 | 3.54 | 3.55 | 65.65 | 64.37 | 130.02 |
| 3 | 3.67 | 3.58 | 71.85 | 65.79 | 137.65 |
| 4 | 3.90 | 3.85 | 84.14 | 79.00 | 163.13 |
| 5 | 3.75 | 3.70 | 75.72 | 71.22 | 146.94 |
| 6 | 3.74 | 3.65 | 75.06 | 69.02 | 144.08 |
| 7 | 4.81 | 4.76 | 157.73 | 148.72 | 306.45 |
| 8 | 4.85 | 5.01 | 162.73 | 177.23 | 339.97 |
| 9 | 4.85 | 4.85 | 162.10 | 158.32 | 320.41 |
| 10 | 4.96 | 4.90 | 175.56 | 163.93 | 339.48 |
| 11 | 4.26 | 4.36 | 107.80 | 112.46 | 220.27 |
| 12 | 4.68 | 4.58 | 144.75 | 131.64 | 276.39 |
| 13 | 4.60 | 4.60 | 136.99 | 133.13 | 270.12 |
| 14 | 4.76 | 4.82 | 152.52 | 154.69 | 307.21 |
| 15 | 4.45 | 4.36 | 122.92 | 112.97 | 235.88 |

地质累积指数法评价结果表明：整体上 $^{238}$U 的地质累积指数要大于 $^{226}$Ra，在 1～6

号采样点处 $I_{geo}$（$^{238}$U）与 $I_{geo}$（$^{226}$Ra）处于 3～4，属于重度污染，结合表 2.20 可知重度污染土壤面积占研究区总面积的 41%；7～15 号采样点 $4 \leqslant I_{geo}$（$^{238}$U）<5，属于重度－极重度污染，占总面积的 59%，7、9～15 号采样点 $4 \leqslant I_{geo}$（$^{226}$Ra）<5，与 $^{238}$U 评价结果一致属于重度－极重度污染，占总面积的 51%；8 号采样点 $I_{geo}$（$^{226}$Ra）$\geqslant 5$，污染极重度，面积权重占比 8%；由于 7～15 号取样场地距离铀尾矿库相对较近，土壤受污程度严重，导致 1～6 号采样点地质累积污染指数法评价结果低于 7～15 号。

表 2.20　$^{238}$U、$^{226}$Ra 评价结果面积权重计算

| 污染程度 | $^{238}$U 评价结果 | | $^{226}$Ra 评价结果 | |
| --- | --- | --- | --- | --- |
| | 面积/m² | 比例/% | 面积/m² | 比例/% |
| 重度污染 | 9 739.80 | 41 | 9 739.80 | 41 |
| 重度－极重度污染 | 13 861.00 | 59 | 11 970.75 | 51 |
| 极重度污染 | 0 | 0 | 1 890.25 | 8 |
| 中等生态危害 | 8 116.50 | 34 | 9 739.80 | 41 |
| 强生态危害 | 9 813.55 | 42 | 10 080.50 | 43 |
| 很强生态危害 | 5 670.75 | 24 | 3 780.50 | 16 |

注：0 代表实测结果为零。

潜在生态风险指数法评价结果表明：1～3、5～6 号 $E_r$（$^{238}$U）在值介于 40～80 之间，属于中等生态危害，面积权重占比 34%；4、7、11～15 号采样点 $80 \leqslant E_r$（$^{238}$U）<160，属于强潜在生态危害，占总面积的 42%，其余采样点 $160 \leqslant E_r$（$^{238}$U）<320，属于很强生态危害性，占总面积的 24%。$^{238}$U，$^{226}$Ra 中等、强生态危害土壤面积占比相似，分别为 41%、43%；$^{238}$U 具有很强生态危害性土壤面积为 $^{226}$Ra 的 1.5 倍；两种核素潜在生态风险评价指数（RI）表明，在 1～3、5～6 处采样点属于轻微生态危害，4、7～10、14 处属于中等潜在生态危害，其余 5 处属于强潜在生态危害，对比单一核素潜在生态风险评价结果，强生态风险危害占比缩小，轻微、中等生态风险危害土壤面积占比增加，单一核素与多种核素潜在生态风险评价标准不同对评价结果存在一定影响。对比地质累积指数法和潜在生态风险指数法评价结果，研究区属重度－极重度污染、强生态风险危害土壤面积最广，1～6 处采样点污染程度相对较低，7～15 样品采集点污染程度较为严重，两种评价方法结论一致。

# 参考文献：

[1] 王绍林，文富平，邵明刚，等. 关于 NORM 开发利用设施退役源项调查方法的探讨

［J］. 辐射防护，2013：33（5）：261-279.

［2］程琦福，徐乐昌，颜秀灵，等. 铀矿采冶设施退役治理标准探讨［J］. 铀矿冶，2018：37（2）：130-134.

［3］Office of the Federal Register National Archives and Records. Code of Federal Regulations：40 parts 190 to 259：Protection of environments［R］. Washington U. S. Government Printing Office，2003.

［4］IAEA. Technical Reports Series No 362：Decommissioning of facilities for mining and milling of radioactive ores and closeout of residues［R］. Vienna International Atomic Agency，1994：80.

［5］潘英杰. 浅谈俄罗斯铀废石场尾矿库退役治理的安全环保标准［J］. 铀矿冶，2016，35（2）：118-123.

［6］WHO. Guidelines for Drinking-water Quality（Fourth Edition）［R］. 2011：203-211.

［7］USEPA. Cancer risk coefficients for environmental exposure to radionuclides（Federal Guidance Report No. 13）［R］. Oak Ridge National Laboratory，Tennessee，1999：21-128.

［8］WHO. Monitoring health for the sustainable development Goals［R］. 2016：8.

［9］Costa M R，Pereira A，Neves L，et al. Potential human health impact of ground-water in non-exploited uranium ores：The case of Horta da Vilariça（NE Portugal）［J］. Journal of Geochemical Exploration，2017，183：191-196.

［10］齐文. 某铀尾矿区及下游河水水环境放射性污染特征研究［D］. 东华理工大学，2016.

［11］UNSCEAR. United Nations Scientific Committee on the Effects of Atomic Radiation［M］. Exposure from natural sources of radiation，Unit-ed Nations，New York，1993.

［12］International commission on radiation units and measurements（ICRU）. Gamma-ray spectrometry in the environment. USA，1994，ICRU reports 53.

［13］Tzortzis M，Tsertos H，Christofides S，et al. Radiat Meas，2003，37：221-229.

# 第 3 章

# 退役铀矿山地下水环境调查与评价

2015 年国务院《水污染防治行动计划》指出，水环境保护事关人民群众切身利益，事关全面建成小康社会，事关实现中华民族伟大复兴中国梦。当前，我国一些地区水环境质量差、水生态受损严重、环境隐患多等问题十分突出，影响和损害群众健康，不利于经济社会持续发展。到 2020 年，全国水环境质量得到阶段性改善，污染严重水体较大幅度减少，饮用水安全保障水平持续提升，地下水超采得到严格控制，地下水污染加剧趋势得到初步遏制。到 2030 年，力争全国水环境质量总体改善，水生态系统功能初步恢复。到 21 世纪中叶，生态环境质量全面改善，生态系统实现良性循环。

近 60 年来，中核铀矿冶系统及其下属的铀矿山根据国家对铀资源开发的要求，积极大力开发铀资源，取得了令人瞩目的成绩。但伴随现代核工业的迅猛发展，铀矿山和铀水冶设施因资源枯竭陆续被关闭，这些矿山为我国核能和核技术的开发利用提供了铀资源保证，但对当地环境产生严重的影响，给土壤、地下水资源以及生态环境造成长期的放射性危害隐患。

以某铀矿山及其周边地区地下水为研究对象，分析地下水化学成分、特征及其分布规律，并在此基础上进行地下水质量和污染现状评价，查明研究区污染范围及程度；选取尾矿库为研究重点，对其周边地下水中重金属元素进行健康风险评价、对地下水中放射性核素所引起的附近居民饮水辐射剂量进行估算；最后使用模拟软件对研究区地下水中主要污染物铀进行预测评价。研究结果可为全面推进铀矿山地下水污染修复和改善地下水环境质量提供一定的理论与技术支撑。

## 3.1 退役铀矿区水文地球化学特征

### 3.1.1 水文地质测绘

根据对铀矿山及周边地区的水文地质测绘结果，选择了符合《环境影响技术原则一地下水环境》规定的 17 个监测井作为地下水取样点，参照 HJ/T164 的相关规定，分别于丰水期，枯水期和平水期对这些钻孔进行取样，且为了保证取样质量的可靠，每次每个水点都取了平行样。

现场检测地下水水温、Eh 值、pH 和电导率；并采集地下水样置于 10 L 塑料桶中，滴入浓硝酸进行酸化至水样 pH 低于 2 后密封保存送实验室，在实验室检测的阴阳离子

指标包括：$K^+$、$Na^+$、$Ca^+$、$Mg^+$、$F^-$、$HCO_3^-$、$SO_4^{2-}$、$Cl^-$；重金属指标包括：Pb、Mn、Cd、Cr、As；放射性核素指标包括：$^{238}U$、$^{232}Th$、$^{226}Ra$、总 α、总 β。样品分析项目实验仪器主要为 ICP-MS 质谱仪和 Canberra Falcon 5000 便携式高纯锗 γ 谱仪。

### 3.1.2  地下水水化学特征

根据地下水化学成分分析的结果，用库尔洛夫式确定地下水的水化学类型，并应用 Aquachem 统计软件水化学类型，所得的 Piper 三线图如图 3.1 所示。

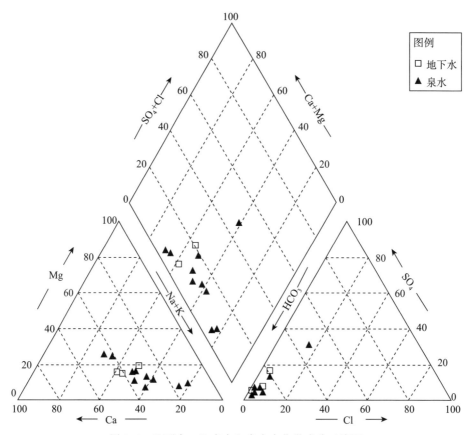

图 3.1  地下水、地表水和泉水水化学成分三线图

由图 3.1 可见，研究区内地下水化学类型主要为 $SO_4$-$HCO_3$-Ca 型水、$HCO_3$-Na-Ca 或 $HCO_3$-Ca-Na 型水；地表水水化学类型主要为 $HCO_3$-Na-Ca 或 $HCO_3$-Ca-Na 型水；泉水水化学类型主要为 $HCO_3$-Na-Ca 或 $HCO_3$-Na 型水。地下水、泉水的水化学类型与地表水水化学类型的微弱差异，说明地下水、泉水的水化学类型未受到矿区生产的影响或影响程度不大。

### 3.1.3　地下水化学成分及相关性分析

针对退役铀矿采场周边地下水 13 个采样点（ZK12、ZK13、ZK14、2-2、2-6、2-7、2-8、2-10、2-11、2-12、2-14、3-16、3-17）所得的水化学参数（pH、TDS 及各离子间）与对照组 10 个采样点（3-1、3-2、3-3、3-4、3-5、3-6、3-7、3-8、3-9、3-10）进行统计对比分析，结果如表 3.1 所示。发现退役铀矿采场和对照组地下水的阳离子中均是 $Na^+ + K^+$ 含量最高，$Mg^{2+}$ 含量最低。退役铀矿采场和对照组地下水的阴离子中均是 $HCO_3^-$ 含量最高，$Cl^-$ 含量最低。退役铀矿采场地下水 $HCO_3^-$ 含量平均值为 30.58 mg/L，$Cl^-$ 含量平均值为 0.81 mg/L，而对照组地下水 $HCO_3^-$ 含量平均值为 12.97 mg/L，$Cl^-$ 含量平均值为 0.36 mg/L。伏溪地下水中 TDS 平均值为 115.85 mg/L，pH 最大值为 6.60，最小值为 5.30，平均值为 6.09；对照组地下水中 TDS 平均值为 57.6 mg/L，pH 最大值为 6.30，最小值为 5.30，平均值为 5.97。

表 3.1　地下水水化学参数（$n=13$）　　　　　　　　　　　　　　mg/L

| 项目 | 最大值 | | 最小值 | | 平均值 | | 标准差 | | 变异系数 | |
| --- | --- | --- | --- | --- | --- | --- | --- | --- | --- | --- |
| | 退役铀矿采场 | 对照组 | 退役铀矿采场 | 对照组 | 退役铀矿采场 | 对照组 | 退役铀矿采场 | 对照组 | 退役铀矿采场 | 对照组 |
| pH | 6.60 | 6.30 | 5.30 | 5.30 | 6.09 | 5.97 | 0.42 | 0.37 | 0.07 | 0.06 |
| TDS | 302.00 | 106.00 | 8.00 | 16 | 115.85 | 57.6 | 88.30 | 26.85 | 0.76 | 0.47 |
| $Na^+ + K^+$ | 29.80 | 3.73 | 3.26 | 2.39 | 9.63 | 3.28 | 8.88 | 0.39 | 0.92 | 0.12 |
| $Ca^{2+}$ | 17.10 | 4.20 | 0.31 | 0.26 | 5.11 | 0.97 | 5.78 | 1.21 | 1.13 | 1.25 |
| $Mg^{2+}$ | 5.41 | 0.27 | 0.12 | 0.05 | 1.31 | 0.12 | 1.61 | 0.07 | 1.23 | 0.56 |
| $HCO_3^-$ | 65.60 | 20.75 | 12.20 | 9.15 | 30.58 | 12.97 | 18.75 | 3.23 | 0.61 | 0.25 |
| $SO_4^{2-}$ | 7.15 | 1.32 | 0.41 | 0.37 | 2.36 | 0.59 | 2.27 | 0.28 | 0.96 | 0.48 |
| $Cl^-$ | 2.53 | 0.46 | 0.26 | 0.25 | 0.81 | 0.36 | 0.70 | 0.08 | 0.86 | 0.22 |

应用 SPSS 软件对退役铀矿采场和对照组地下水中主要离子、溶解性总固体（TDS）和 pH 进行相关性分析后所得 Pearson 相关系数见表 3.2。由表 3.2 可知：退役铀矿采场和对照组周边地下水水样的主要离子间呈现正、负相关，说明各离子可能均具有不同的来源。退役铀矿采场和对照组地下水水样中的 pH 与各离子间相关性均较弱。退役铀矿采场地下水水样中的 TDS 与 $Na^+ + K^+$、$Mg^{2+}$、$Ca^{2+}$ 和 $HCO_3^-$ 呈高度相关关系，说明退役铀矿采场地下水的 TDS 主要受 $Na^+ + K^+$、$Mg^{2+}$、$Ca^{2+}$ 和 $HCO_3^-$ 控制，而对照组地下水的 TDS 与各离子相关性较弱。退役铀矿采场地下水水样中的阳离子

$Ca^{2+}$ 与 $Na^+ + K^+$ 呈高度相关关系，相关系数为 0.956 以上，而对照组地下水水样中的阳离子 $Ca^{2+}$ 与 $Mg^{2+}$ 相关性较强，相关系数为 0.726。退役铀矿采场地下水水样中阴阳离子间 $HCO_3^-$ 与 $Na^+ + K^+$、$Mg^{2+}$、$Ca^{2+}$ 为高度相关关系，说明地下水的主要离子来源为 $NaHCO_3$、$Mg(HCO_3)_2$ 或 $Ca(HCO_3)_2$，而对照组地下水水样中阴阳离子间 $HCO_3^-$ 与 $Ca^{2+}$ 相关系数为 0.871，说明地下水的主要离子来源为 $Ca(HCO_3)_2$。以上对比分析可知，退役铀矿采场的地下水受到了矿区排水的影响。

表 3.2　地下水水化学参数相关行系数矩阵（$n=13$）　　　　　mg/L

| 项目 | pH | | TDS | | Na++K+ | | Ca2+ | | Mg2+ | | HCO3- | | SO42- | | Cl- | |
|---|---|---|---|---|---|---|---|---|---|---|---|---|---|---|---|---|
| | A | 对照组 | A | 对照组 | A | 对照组 | A | 对照组 | A | 对照组 | A | 对照组 | AA场 | 对照组 | A | 对照组 |
| pH | 1 | 1 | | | | | | | | | | | | | | |
| TDS | −0.16 | −0.48 | 1 | 1 | | | | | | | | | | | | |
| Na++K+ | −0.17 | −0.44 | 0.87** | 0.24 | 1 | 1 | | | | | | | | | | |
| Ca2+ | −0.16 | −0.35 | 0.94** | 0.19 | 0.96** | 0.18 | 1 | 1 | | | | | | | | |
| Mg2+ | −0.12 | 0.13 | 0.85** | −0.12 | 0.95** | 0.10 | 0.92** | 0.73* | 1 | 1 | | | | | | |
| HCO3- | −0.08 | −0.19 | 0.80** | 0.07 | 0.79** | −0.01 | 0.80** | 0.87** | 0.81** | 0.58 | 1 | 1 | | | | |
| SO42- | 0.14 | 0.27 | 0.56* | −0.21 | 0.63* | 0.43 | 0.69** | 0.01 | 0.58** | 0.29 | 0.37 | −0.15 | 1 | 1 | | |
| Cl- | 0.09 | 0.41 | 0.07 | 0.04 | 0.38 | 0.31 | 0.29 | −0.30 | 0.39 | 0.17 | 0.16 | −0.51 | 0.73** | 0.46 | 1 | 1 |

注：* 表示在 0.05 水平上线性相关，** 表示在 0.01 水平上线性相关。

### 3.1.4　放射性核素与水化学成分的相关性

对退役铀矿采场周边地下水 13 个采样点（ZK12、ZK13、ZK14、2-2、2-6、2-7、2-8、2-10、2-11、2-12、2-14、3-16、3-17）的水化学参数（pH、TDS）、常规离子成分、放射性核素（U、Th、Ra），与对照组 10 个采样点（3-1、3-2、3-3、3-4、3-5、3-6、3-7、3-8、3-9、3-10）的水化学参数、常规离子及放射性核素进行相关性分析，结果如表 3.3 所示。由表可知与对照组地下水中放射性核素与常规离子的相关性相比，退役铀矿采场地下水中放射性核素与常规离子的相关性较强。说明退役铀矿采场的地下水已受到了矿区的影响，但影响较弱。退役铀矿采场地下水中的放射性核素 U 与 TDS 和 $Na^+ + K^+$ 的相关性较强，呈中等程度的正相关关系。$^{226}Ra$ 和 $Na^+ + K^+$ 呈中等程度的正相关关系。总 $\alpha$ 和总 $\beta$ 与 TDS 和 $Na^+ + K^+$ 的相关性较强。$^{210}Po$ 与 TDS 和 $SO_4^{2-}$ 呈高度的正相关关系，相关系数分别为 0.88 和 0.96。以上分析结果表明，退役铀矿采场地下水中的放射性核素与常规离子间具有一定的相互依存联系，但联系较弱。

表 3.3 放射性核素与水化学参数 Pearsons 相关性系数 ($n=13$)

| 项目 | U | | Th | | $^{226}$Ra | | 总 α | | 总 β | | $^{210}$Po | | $^{210}$Pb | |
|---|---|---|---|---|---|---|---|---|---|---|---|---|---|---|
| | A | 对照组 | A | 对照组 | A | 对照组 | A | 对照组 | A | 对照组 | A | 对照组 | A | 对照组 |
| pH | −0.16 | 0.28 | — | −0.01 | 0.17 | 0.20 | −0.03 | 0.14 | −0.16 | 0.22 | −0.64 | 0.09 | −0.29 | −0.39 |
| TDS | 0.63* | −0.06 | — | 0.36 | 0.52 | 0.16 | 0.74** | −0.12 | 0.69** | −0.2 | 0.88** | 0.44 | 0.62 | 0.09 |
| Na$^+$+K$^+$ | 0.69** | −0.27 | — | −0.08 | 0.58* | −0.22 | 0.60* | −0.22 | 0.73** | −0.26 | 0.42 | −0.22 | 0.02 | 0.35 |
| Ca$^{2+}$ | 0.25 | −0.30 | — | −0.28 | 0.31 | −0.002 | 0.29 | −0.35 | 0.37 | −0.36 | −0.26 | −0.34 | −0.62 | 0.22 |
| Mg$^{2+}$ | 0.28 | −0.26 | — | −0.17 | 0.36 | −0.17 | 0.34 | −0.25 | 0.38 | −0.25 | −0.29 | −0.22 | −0.65 | 0.38 |
| HCO$_3^-$ | 0.26 | 0.22 | — | −0.14 | 0.37 | 0.49 | 0.43 | 0.08 | 0.40 | 0.14 | 0.53 | 0.02 | 0.15 | −0.28 |
| SO$_4^{2-}$ | 0.24 | −0.26 | — | −0.21 | 0.43 | −0.19 | 0.20 | −0.26 | 0.13 | −0.28 | 0.96** | −0.26 | 0.77 | 0.34 |
| Cl$^-$ | 0.02 | −0.25 | — | −0.16 | 0.34 | −0.17 | −0.08 | −0.23 | −0.14 | −0.25 | 0.12 | −0.22 | 0.50 | 0.39 |

注：*表示在 0.05 水平上线性相关，**表示在 0.01 水平上线性相关。—代表未发现。A 代表退役铀矿采场。

# 3.2 研究区地下水环境质量评价

## 3.2.1 地下水质量评价

（1）评价标准选取

研究区地下水水质保护目标为《地下水质量标准》（GB/T 14848—2017）Ⅲ类标准，由于此标准缺少一些放射性指标，部分放射性核素指标参照第三版 WHO《饮用水水质标准》（2011）。水质评价所采用的具体标准见表 3.4、表 3.5。

表 3.4 地下水环境质量标准（GB/T 14848—2017）

| 序号 | 指标项目 | 地下水质Ⅲ类标准 |
|---|---|---|
| 1 | pH | 6.5～8.5 |
| 2 | $\sum\alpha$ 放射性 | ≤0.1 Bq/L |
| 3 | $\sum\beta$ 放射性 | ≤1.0 Bq/L |
| 4 | SO$_4^{2-}$ | 250 mg/L |
| 5 | Cl$^-$ | 250 mg/L |
| 6 | Cd | 0.01 mg/L |
| 7 | Cr | 0.05 mg/L |
| 8 | Mn | 0.1 mg/L |
| 9 | Fe | 0.3 mg/L |

续表

| 序号 | 指标项目 | 地下水质Ⅲ类标准 |
|---|---|---|
| 10 | 氨氮 | 0.2 mg/L |
| 11 | 总硬度 | 450 mg/L |
| 12 | 溶解性总固体 | 1000 mg/L |
| 13 | Pb | 0.05 mg/L |
| 14 | As | 0.05 mg/L |
| 15 | U | 1 Bq/L |
| 16 | Th | 1 Bq/L |

表 3.5 地下水环境质量标准 (WHO)                    Bq/L

| 序号 | 指标项目 | WHO 标准 |
|---|---|---|
| 1 | $^{226}Ra$ | 1 |
| 2 | $^{210}Po$ | 1 |
| 3 | $^{210}Pb$ | 1 |

（2）评价方法

采用单因子和综合指数法。采用单因子指数评价法进行评价地下水环境质量评价时，水质参数的标准指数大于1，表明该水质参数超过了规定的水质标准限值，水质参数的标准指数越大，说明该水质参数超标越严重。其标准指数计算公式：

$$P_i = \frac{C_i}{C_{si}} \tag{3.1}$$

式中，$P_i$ 为第 $i$ 个水质因子的标准指数，量纲为 1；$C_i$ 为第 $i$ 个水质因子的监测浓度值，mg/L；$C_{si}$ 为第 $i$ 个水质因子的标准浓度值，mg/L。

对于评价标准为区间值的水质因子（如 pH），其标准指数计算公式：

$$P_{pH} = \frac{7.0 - pH}{7.0 - pH_{sd}} \quad pH \leqslant 7 \text{ 时} \tag{3.2}$$

$$P_{pH} = \frac{pH - 7.0}{pH_{su} - 7.0} \quad pH > 7 \text{ 时} \tag{3.3}$$

式中，$P_{pH}$ 为 pH 的标准指数；pH 为 pH 监测值；$pH_{su}$ 为标准中 pH 的上限值；$pH_{sd}$ 为标准中 pH 的下限值。

水质综合指数法。水质综合指数法是指在求出各个单一因子水质指数的基础上，再经过数学运算得到一个水质综合污染指数，以此评价水质及对水质进行分类。对分指数的处理不同，决定了指数法的不同形式，诸如：简单叠加型指数、算术平均型指数、加权平均型指数、罗斯水质指数、内梅罗指数、黄浦江污染指数等。本项目采用内梅罗指数法来进行地下水质量的综合评价。具体步骤如下：

①首先进行各单项组分评价划分组分所属质量类别。对各类别按下列规定表分别确定单项组分评价分值 Fi（见表 3.6）。

表 3.6 单项组分评分值

| 类别 | Ⅰ | Ⅱ | Ⅲ | Ⅳ | Ⅴ |
|------|----|----|----|----|----|
| Fi | 0 | 1 | 3 | 6 | 10 |

②按下式计算综合评价分值 $F$。

$$F = \sqrt{\frac{(\mathrm{avg}(P_i))^2 + (\max(P_i))^2}{2}}$$ (3.4)

③根据 $F$ 值按以下规定表划分地下水质量级别（见表 3.7）再将细菌学指标评价类别注在级别定名之后如优良（Ⅱ类）较好（Ⅲ类）。

表 3.7 水质分级标准

| 类别 | 优良 | 良好 | 较好 | 较差 | 差 |
|------|------|------|------|------|-----|
| $F$ | <0.80 | 0.80～<2.50 | 2.50～<4.25 | 4.25～<7.20 | >7.20 |

（3）评价结果及分析

表 3.8，表 3.9 为退役铀矿采场枯水期常规离子、重金属和放射性核素的单因子水质指标。由表可以看出硫酸盐、氯化物、总硬度、溶解性总固体指标均满足 GB/T 14848—2017 的Ⅲ类标准限值。ZK1-13 号铁、ZK1-13 的氨氮、全部的铅、砷超过《地下水质量标准》（GB/T 14848—2017）中规定的Ⅲ类标准限值要求。

$\Sigma\alpha$ 放射性范围值为 0.25 Bq/L～2.1 Bq/L，平均 0.74 Bq/L；$\Sigma\beta$ 放射性 0.042 Bq/L～0.17 Bq/L，平均 0.08 Bq/L；其中 2-02、2-08 号样品的 $\Sigma\alpha$ 放射性超过《地下水质量标准》（GB/T 14848—2017）中规定的Ⅲ类标准限值。全部 $\Sigma\beta$ 放射性低于《地下水质量标准》（GB/T 14848—2017）中规定的Ⅲ类标准限值。大部分铀超过WHO指导水平，钍、$^{226}$Ra、$^{210}$Pb、$^{210}$Po、$^{210}$Po 均低于 WHO 标准规定限值。

根据水质综合污染指数法，计算得出综合质量指数为 4.51，该地区地下水水质较差。

表 3.8 退役铀矿采场常规离子及重金属单因子指标（枯水期）

| 样品 | $SO_4^{2-}$ 标准指数 | $Cl^-$ 标准指数 | Cd 标准指数 | Cr 标准指数 | Mn 标准指数 | Fe 标准指数 | 氨氮 标准指数 | 总硬度 标准指数 | TDS 标准指数 | Pb 标准指数 | As 标准指数 |
|------|------|------|------|------|------|------|------|------|------|------|------|
| 2-02 | 0.005 | 0.002 | 0 | 0 | 0.014 | 0.333 | 0.25 | 0.021 | 0.118 | 0 | 14 |
| 2-08 | 0.012 | 0.003 | 0 | 0 | 0 | 0.000 | 0.6 | 0.071 | 0.168 | 0 | 128.4 |

| 样品 | $SO_4^{2-}$ 标准指数 | $Cl^-$ 标准指数 | Cd 标准指数 | Cr 标准指数 | Mn 标准指数 | Fe 标准指数 | 氨氮 标准指数 | 总硬度 标准指数 | TDS 标准指数 | Pb 标准指数 | As 标准指数 |
|---|---|---|---|---|---|---|---|---|---|---|---|
| ZK-12 | 0.016 | 0.007 | 0 | 0 | 0.12 | 0.467 | 0.5 | 0.131 | 0.08 | 0 | 63 |
| ZK-13 | 0.032 | 0.007 | 0 | 0 | 1.5 | 2.600 | 1.05 | 0.121 | 0.156 | 0 | 64.8 |
| ZK-14 | 0.026 | 0.004 | 0 | 0 | 0.027 | 0.230 | 0.6 | 0.185 | 0.144 | 0 | 272 |
| ZK-12 | 0.019 | 0.006 | 0 | 0 | 0.063 | 0.137 | 0.45 | 0.124 | 0.084 | 0 | 58.8 |
| ZK1-13 | 0.032 | 0.007 | 0 | 0 | 1.6 | 2.733 | 0.9 | 0.127 | 0.148 | 0 | 86.6 |
| ZK1-14 | 0.026 | 0.005 | 0 | 0 | 0.033 | 0.137 | 0.6 | 0.166 | 0.152 | 0 | 256 |
| ZK1-12 | 0.022 | 0.004 | 0 | 0 | 0 | 0.000 | 0.3 | 0.152 | 0.072 | 56 | 61 |
| ZK1-13 | 0.043 | 0.009 | 0 | 0 | 0.01 | 0.100 | 0.5 | 0.176 | 0.148 | 76.6 | 87 |
| ZK1-14 | 0.023 | 0.012 | 0 | 0 | 0.01 | 0.000 | 0.45 | 0.165 | 0.136 | 0 | 94.2 |
| ZK1-12 | 0.024 | 0.004 | 0 | 0 | 0 | 0.000 | 0.25 | 0.154 | 0.108 | 62.8 | 61 |
| ZK1-13 | 0.042 | 0.011 | 0 | 0 | 0 | 0.133 | 0.35 | 0.175 | 0.076 | 114.4 | 87.6 |
| ZK1-14 | 0.022 | 0.014 | 0 | 0 | 0.01 | 0.000 | 0.3 | 0.163 | 0.14 | 0 | 95.2 |

0代表未检出。

### 表 3.9 退役铀矿采场放射性核素单因子指标（枯水期）

| 样品 | U 标准指数 | Th 标准指数 | $^{226}Ra$ 标准指数 | 总 $\alpha$ 标准指数 | 总 $\beta$ 标准指数 | $^{210}Po$ 标准指数 | $^{210}Pb$ 标准指数 |
|---|---|---|---|---|---|---|---|
| 2-2 | 0.32 | 0 | 0.02 | 1.5 | 0.076 | 0 | 0 |
| 2-8 | 11.8 | 0 | 0.054 | 2.1 | 0.17 | 0 | 0 |
| ZK1-12 | 0.64 | 0 | 0.026 | 0.36 | 0.059 | 0 | 0.01 |
| ZK1-13 | 2.7 | 0 | 0.027 | 0.77 | 0.057 | 0.006 | 0.02 |
| ZK1-14 | 1.9 | 0 | 0.014 | 0.82 | 0.092 | 0.003 | 0.01 |
| ZK1-12 | 0.76 | 0 | 0.041 | 0.39 | 0.071 | 0 | 0 |
| ZK1-13 | 2.5 | 0 | 0.034 | 0.82 | 0.075 | 0.007 | 0.02 |
| ZK1-14 | 1.8 | 0 | 0.048 | 0.67 | 0.091 | 0.002 | 0.01 |
| ZK1-12 | 1.1 | 0.6 | 0.567 | 0.25 | 0.082 | 0.58 | 0.004 |
| ZK1-13 | 2.6 | 0.42 | 0.061 | 0.35 | 0.061 | 0.2 | 0.004 |
| ZK1-14 | 1 | 0.37 | 0.083 | 0 | 0.051 | 0.24 | 0.021 |
| ZK1-12 | 1.2 | 0.4 | 0.459 | 0.29 | 0.077 | 0.53 | 0.004 |

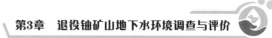

| 样品 | U 标准指数 | Th 标准指数 | $^{226}$Ra 标准指数 | 总 α 标准指数 | 总 β 标准指数 | $^{210}$Po 标准指数 | $^{210}$Pb 标准指数 |
|------|------|------|------|------|------|------|------|
| ZK1-13 | 2.5 | 0.38 | 0.06 | 0.61 | 0.071 | 0.24 | 0.004 |
| ZK1-14 | 1.2 | 0.35 | 0.071 | 0 | 0.042 | 0.22 | 0.018 |

表 3.10，表 3.11 为退役铀矿采场丰水期常规离子、重金属和放射性核素的单因子水质指标。从表中可以看出硫酸盐、氯化物、锰、总硬度、溶解性总固体指标均满足 GB/T 14848—2017 的Ⅲ类标准限值。ZK1-13 号的铁、全部的砷超过《地下水质量标准》（GB/T 14848—2017）中规定的Ⅲ类标准限值要求。

$\Sigma\alpha$ 放射性范围值为 0.28～9.4 Bq/L，平均 3.35 Bq/L；$\Sigma\beta$ 放射性 0.046～1.19 Bq/L，平均 0.42 Bq/L；其中，ZK1 至 ZK14 样的 $\Sigma\alpha$ 放射性、$\Sigma\beta$ 放射性超过《地下水质量标准》（GB/T 14848—2017）中规定的Ⅲ类标准限值。ZK1 至 ZK13 样的铀超过 WHO 指导水平，钍、$^{226}$Ra、$^{210}$Pb、$^{210}$Po、$^{210}$Po 均低于 WHO 指导水平。

根据水质综合污染指数法，计算得出综合质量指数为 4.18，该地区水质较好，相比枯水期水质好。

表 3.10　退役铀矿采场常规离子及重金属水质指数（丰水期）

| 样品 | SO$_4^{2-}$ 标准指数 | Cl$^-$ 标准指数 | Cd 标准指数 | Cr 标准指数 | Mn 标准指数 | Fe 标准指数 | 氨氮 标准指数 | 总硬度 标准指数 | TDS 标准指数 | Pb 质量指数 | As 质量指数 |
|------|------|------|------|------|------|------|------|------|------|------|------|
| ZK1-12 | 0.017 | 0.001 | 0 | 0 | 0.042 | 0.220 | 0 | 0.114 | 0.128 | 0 | 63.4 |
| ZK1-13 | 0.029 | 0.004 | 0 | 0 | 0.75 | 2.067 | 0 | 0.092 | 0.132 | 0 | 88 |
| ZK1-14 | 0.017 | 0.004 | 0 | 0 | 0.082 | 0.367 | 0 | 0.114 | 0.115 | 0 | 100.6 |
| ZK1-12 | 0.017 | 0.001 | 0 | 0 | 0.029 | 0.173 | 0 | 0.113 | 0.127 | 0 | 64.8 |
| ZK1-13 | 0.028 | 0.005 | 0 | 0 | 0.69 | 1.667 | 0 | 0.092 | 0.146 | 0 | 86.4 |
| ZK1-14 | 0.017 | 0.004 | 0 | 0 | 0.081 | 0.323 | 0 | 0.094 | 0.109 | 0 | 100.6 |

表 3.11　退役铀矿采场放射性核素水质指数（丰水期）

| 样品 | U 标准指数 | Th 标准指数 | $^{226}$Ra 标准指数 | 总 α 标准指数 | 总 β 标准指数 | $^{210}$Po 标准指数 | $^{210}$Pb 标准指数 |
|------|------|------|------|------|------|------|------|
| 3-37 | 0.087 | 0 | 0.026 | 0.31 | 0.071 | 0 | 0 |
| 3-38 | 0.16 | 0 | 0.021 | 0.17 | 0.062 | 0 | 0 |

| 样品 | U 标准指数 | Th 标准指数 | $^{226}Ra$ 标准指数 | 总 $\alpha$ 标准指数 | 总 $\beta$ 标准指数 | $^{210}Po$ 标准指数 | $^{210}Pb$ 标准指数 |
|------|------|------|------|------|------|------|------|
| ZK1-1 | 26.8 | 0 | 0.24 | 11.9 | 0.64 | 0.12 | 0.093 |
| ZK1-2 | 17.4 | 0 | 0.072 | 12.9 | 0.65 | 0.32 | 0.253 |
| ZK1-3 | 5.2 | 0 | 0.061 | 3.1 | 0.2 | 0.03 | 0.02 |
| ZK1-4 | 6.6 | 0 | 0.067 | 2.9 | 0.32 | 0.15 | 0.043 |
| ZK1-5 | 4.2 | 0 | 0.006 | 2.6 | 0.18 | 0.07 | 0.019 |
| ZK1-6 | 13.6 | 0 | 0.245 | 8.5 | 0.46 | 0.02 | 0.017 |
| ZK1-7 | 5.3 | 0 | 0.017 | 0.75 | 0.09 | 0.09 | 0.025 |
| ZK1-8 | 1.2 | 0.4 | 0.028 | 1.5 | 0.092 | 0.04 | 0.009 |
| ZK1-9 | 0.73 | 0 | 0.045 | 0.39 | 0.042 | 0.04 | 0.003 |
| ZK1-1 | 27.2 | 0 | 0.223 | 10.3 | 0.59 | 0.1 | 0.087 |
| ZK1-2 | 16.9 | 0 | 0.056 | 12.2 | 0.71 | 0.29 | 0.244 |
| ZK1-3 | 5.3 | 0 | 0.067 | 2.7 | 0.18 | 0.03 | 0.022 |
| ZK1-4 | 6.2 | 0 | 0.056 | 2.8 | 0.28 | 0.12 | 0.038 |
| ZK1-5 | 3.7 | 0 | 0.011 | 3 | 0.15 | 0.04 | 0.015 |
| ZK1-6 | 13.1 | 0 | 0.212 | 6.9 | 0.43 | 0.01 | 0.015 |
| ZK1-7 | 5.2 | 0 | 0.011 | 0.59 | 0.089 | 0.07 | 0.021 |
| ZK1-8 | 1.6 | 0.32 | 0.022 | 1.2 | 0.1 | 0.04 | 0.008 |
| ZK1-9 | 0.66 | 0 | 0.033 | 0.35 | 0.038 | 0.03 | 0.003 |

### 3.2.2 地下水放射性污染现状评价

（1）评价标准选取

地下水污染评价的标准一般选取区域背景值，由于铀矿区周边地下水已经受到外界活动的影响，无法获取背景值，故用物质含量阈值来代替。地下水中物质的含量阈值是运用间距统计量法来进行确定。地下水中物质的含量阈值确定先用拉依达准则法（3Q法）去除各项目样本值中的异常值，再用间距统计量法确定化学阈值，低于阈值视为在背景值范围内，高于阈值即视为异常。

间距统计量法是根据"间距统计量确定"地球化学阈值的方法。步骤如下：

1）数据变换（目的是使变换后的数据尽可能符合正态分布）：$Z = \ln(x - \alpha)$，$\alpha$—迭代过程中确定的常数；

2）变换数据的标准化；

3）标准化数据的顺序化：

将标准化数据由小到大按顺序排列，列于间距统计量表的左侧；

4）标准间距的计算

标准间距 $g(i) = y(i+1) - y(i)$；

5）修正间距的计算

$$G_i = F_m[y(i+1) - y(i)] = F_m g(i); \quad (i=1, 2, \cdots, n) \quad (3.5)$$

式中，$F_m = 0.398\,9\exp(-m^2/2)$；$m = [y(i+1) + y(i)]/2$；

6）间距统计量和阈值的确定

所有修正间距中最大者为修正间距，对应间距统计量的元素含量真值即地球化学阈值。

研究区内地下水各项目阈值见表 3.12，其含量频数分布直方图（横坐标为含量区间，纵坐标为频数）如图 3.2～图 3.7。

表 3.12　地下水各项目阈值

| 项目 | $K^+$ | $Na^+$ | $Ca^{2+}$ | $Mg^{2+}$ | $HCO_3^-$ | $SO_4^{2-}$ | $Cl^-$ | Mn | Fe | 氨氮 | 总硬度 | 溶解性总固体 |
|---|---|---|---|---|---|---|---|---|---|---|---|---|
| 阈值(mg/L) | 0.56 | 8.65 | 7.815 | 3.33 | 38.805 | 50.7 | 29.75 | 0.205 | 0.105 | 0.075 | 20.55 | 88.5 |
| 项目 | As | Pb | U | Th | $^{226}$Ra | 总 $\alpha$ | 总 $\beta$ | $^{210}$Pb | $^{210}$Po | | | |
| 阈值 | 0.83 μg/L | 4.925 μg/L | 0.054 μg/L | 0.41 μg/L | 0.007 5 μg/L | 7.03 Bq/L | 0.215 Bq/L | 0.014 Bq/L | 0.001 5 Bq/L | | | |

U 样品平均值达到 62.19 μg/L 超过阈值的比例为 99.2%；Th 样品平均值达到 0.42 μg/L，超过阈值的比例为 37.5%；$^{226}$Ra 样品平均值达到 0.12 μg/L，超过阈值的比例为 93.7%；总 $\alpha$ 得到样品平均值达到 0.73 Bq/L，超过阈值的比例为 0.5%；总 $\beta$ 样品平均值达到 0.74 Bq/L，超过阈值的比例为 44.2%；$^{210}$Pb 样品平均值达到 0.02 Bq/L，超过阈值的比例为 55.2%；$^{210}$Po 样品平均值达到 0.10 Bq/L，超过阈值的比例为 95.7%。

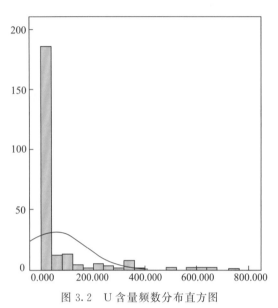

图 3.2  U 含量频数分布直方图

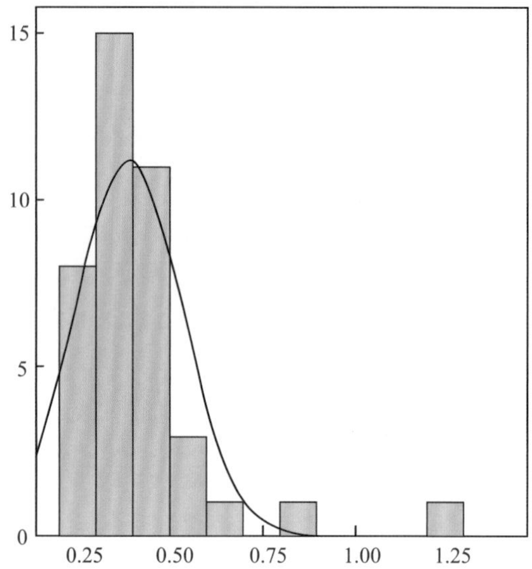

图 3.3  Th 含量频数分布直方图

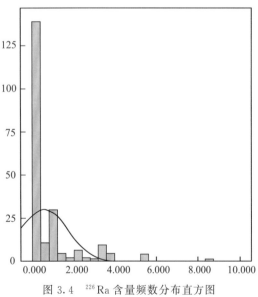

图 3.4  $^{226}$Ra 含量频数分布直方图

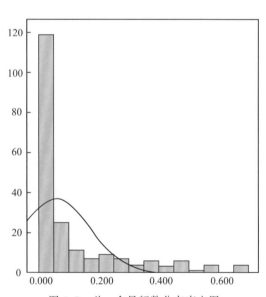

图 3.5  总 α 含量频数分布直方图

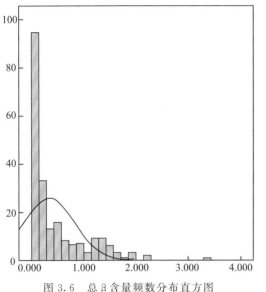

图 3.6　总 β 含量频数分布直方图

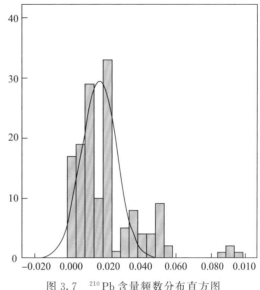

图 3.7　$^{210}$Pb 含量频数分布直方图

（2）评价因子及方法

根据研究区地下水采样分析结果，评价指标选取 $K^+$、$Na^+$、$Ca^{2+}$、$Mg^{2+}$、$HCO_3^-$、$SO_4^{2-}$、$Cl^-$、Mn、Fe、氨氮、总硬度、溶解性总固体、As、Pb、U、Th、$^{226}$Ra、总 α、总 β、$^{210}$Pb、$^{210}$Po 共 21 种，评价所参考的背景值用地球化学阈值代替。

本次评价主要采用单因子污染指数评价法和内梅罗污染指数评价法。

单因子污染指数法分别对棉花坑矿井、尾矿库以及退役铀矿采场 3 个地区的地下水污染状况进行评价，单因子污染指数法计算评价简单、使用方便可以明确表示污染因子与标准值的相关情况。

单因子污染指数基本公式：

$$I_i = C_i / L_{ij} \tag{3.6}$$

式中，$C_i$ 为第 $i$ 类污染物测定值；$L_{ij}$ 为第 $i$ 类污染物背景值。

当 $I_i \leqslant 1$ 时，表示水体未污染；当 $I_i > 1$ 时，表示水体污染。具体数值直接反映污染物超标程度。内梅罗综合指数评价法是一种兼顾极值或称突出最大值的计权型多因子环境质量指数的综合方法。该方法应用简单，评价结果直观，在加权过程中避免了权系数中主观因素的影响，是一种普遍使用的水质评价方法。地下水综合污染指数评价分级标准见表 3.13。内梅罗综合污染指数法计算公式如下：

$$P = \sqrt{\dfrac{(\mathrm{avg}(P_i))^2 + (\max(P_i))^2}{2}} \tag{3.7}$$

式中，$P$ 为综合污染指数；$P_i$ 为各种所测项目的单因子指数评价值；avg（$P_i$）为地下水中各项目单因子评价的平均值；max（$P_i$）为地下水中项目单因子评价的最大值。

表 3.13 地下水综合污染指数评价分级标准

| 等级 | 综合污染指数 | 污染程度 |
|---|---|---|
| Ⅰ | $P \leqslant 0.7$ | 清洁 |
| Ⅱ | $0.7 < P \leqslant 1.0$ | 尚清洁 |
| Ⅲ | $1.0 < P \leqslant 2.0$ | 轻度污染 |
| Ⅳ | $2.0 < P \leqslant 3.0$ | 中度污染 |
| Ⅴ | $P > 3.0$ | 重度污染 |

根据地下水的动态特征，地下水样品的采集按照枯水期、丰水期分别进行。因此，分别进行这两个时期的地下水污染评价。

表 3.14 和表 3.15 为丰水期退役铀矿采场地下水中常规和重金属、放射性项目的统计结果。从表 3.14 可以看出，污染最严重的项目是 $^{210}$Po、U 和 As，单因子污染指数分别为 18.67、16.67 和 13.28，该地区丰水期时地下水内梅罗综合污染指数为 13.45，地下水呈现重度污染状态。

表 3.14 丰水期退役铀矿采场地下水中重金属及放射性污染统计

| 项目 | As | U | Th | $^{226}$Ra | 总 $\alpha$ | 总 $\beta$ | $^{210}$Po | $^{210}$Pb |
|---|---|---|---|---|---|---|---|---|
| 平均值 | 4.20 | 0.90 | 0.53 | 0.01 | 0.34 | 0.42 | 0.03 | 0.00 |
| 单位 | $\mu$g/L | $\mu$g/L | $\mu$g/L | Bq/L | Bq/L | Bq/L | Bq/L | Bq/L |
| 背景值 | 0.32 | 0.05 | 0.41 | 0.01 | 7.03 | 0.22 | 0.00 | 0.014B |
| 单位 | $\mu$g/L | $\mu$g/L | $\mu$g/L | Bq/L | Bq/L | Bq/L | Bq/L | q/L |
| 单因子污染指数 | 13.29 | 16.67 | 1.29 | 1.43 | 0.05 | 1.96 | 18.67 | 0.29 |

表 3.15 为退役铀矿采场地下水中常规组分和重金属、放射性项目的统计结果。从表 3.15 中以看出：退役铀矿采场地下水中，污染最严重的项目是 $^{210}$Po，单因子污染指数达到 135.333，其次污染较严重的是 U 和 $^{226}$Ra，污染指数分别为 42.352 和 14.933，毒性元素砷单因子指数 16.16，超标严重，因此地下水受到严重的重金属及放射性核素的污染。该地区地下水内梅罗综合污染指数达到 96.01，地下水呈现重度污染状态，综合污染指数绝大部分是由 $^{210}$Po 造成的。

表 3.15 枯水期退役铀矿采场地下水中重金属及放射性污染统计

| 项目 | Pb | As | U | Th | $^{226}$Ra | 总 $\alpha$ | 总 $\beta$ | $^{210}$Po | $^{210}$Pb |
|---|---|---|---|---|---|---|---|---|---|
| 平均值 | 3.87 | 5.11 | 2.29 | 0.42 | 0.11 | 0.07 | 0.08 | 0.20 | 0.01 |

| 项目 | Pb | As | U | Th | $^{226}$Ra | 总 $\alpha$ | 总 $\beta$ | $^{210}$Po | $^{210}$Pb |
|------|------|------|------|------|------|------|------|------|------|
| 单位 | $\mu$g/L | $\mu$g/L | $\mu$g/L | $\mu$g/L | Bq/L | Bq/L | Bq/L | Bq/L | Bq/L |
| 背景值 | 7.58 | 0.32 | 0.05 | 0.41 | 0.01 | 7.03 | 0.22 | 0.00 | 0.01 |
| 单位 | $\mu$g/L | $\mu$g/L | $\mu$g/L | $\mu$g/L | Bq/L | Bq/L | Bq/L | Bq/L | Bq/L |
| 单因子污染指数 | 0.51 | 16.16 | 42.35 | 1.02 | 14.93 | 0.01 | 0.36 | 135.33 | 0.86 |

### 3.2.3　地下水重金属健康风险评价

（1）健康风险评估模型

矿山尾矿库在长期堆放中将产生大量的酸，使得含重金属矿物溶解，进而造成重金属污染逐步扩散至整个区域。因此矿山开采所形成的尾矿堆积带来的地下水重金属污染问题是不容忽视的。本文针对研究区范围内的退役铀矿采场及其周边地区地下水中Mn、Pb、Cr（六价）、As、Cd 五种重金属进行了健康风险评估。

在健康风险评估中，以地下水为评估对象，受体吸收污染物的途径有口服吸收、吸入吸收和皮肤接触吸收[1-2]。本研究中地下水中 90% 的污染物都是通过饮水途径进入人体的[3]，所以仅对饮水途径进行健康风险评估。健康风险总值 $R$ 为各个指标化学物质的健康风险值的累积相加得之，即地下水健康风险总评估模型为非致癌化学物质的健康风险模型与致癌化学物质的健康风险模型相加。

模型参数确定：

$$CDI = W \times Ci / A \tag{3.8}$$

式中，CDI 为长期日摄入量 $mg \cdot kg^{-1} \cdot d^{-1}$；$W$ 为日均饮水量，其中成人为 2.2 L/d；$Ci$ 为污染物 $i$ 饮水途径的质量浓度，mg/L；$A$ 为人均的人体体重，成人取 60 kg。

致癌物：$R_i = 1 - \exp（-CDI \cdot Q_i）/ L \tag{3.9}$

$$R_j = CDI / L$$

非致癌物：

$$R = \Sigma（R_i + R_j） \tag{3.10}$$

式中，$R_i$ 为化学致癌污染物 $i$ 的健康危害风险值；$R_j$ 为化学非致癌物 $j$ 的健康危害风险值；$Q_i$ 为化学致癌污染物 $i$ 通过饮水途径的致癌强度系数，mg/（kg·d），As 取 15[4]；$L$ 为人类平均寿命，取值为 70 a 风险评估标准。

本研究中重金属 Pb、Mn 为化学非致癌物，As、Cd 和 Cr 为化学致癌物。

（2）退役铀矿采场及其周边地区地下水重金属含量分析

根据地下水样品检测结果显示：地下水样中 As 和 Mn 的检出率是 100%，Pb 仅在 3 号、10 号采样点处有所检出，而 Cr 和 Cd 在所有样品中均未检出。地下水中重金属

As 和 Mn 在平水期、丰水期和枯水期的含量水平见图 3.8 和图 3.9，地下水中重金属 Pb 的含量水平见表 3.16。

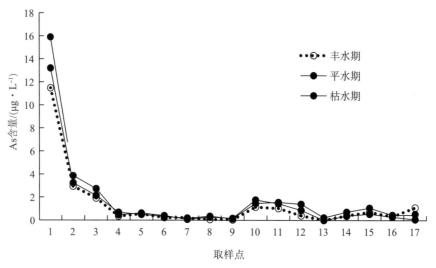

图 3.8　地下水中 As 的含量水平

由图 3.8 可知，尾矿库及其周边地区地下水重金属 As 的浓度在 $0\sim15.9\ \mu g\cdot L^{-1}$ 范围内，其中大部分地下水中 As 的含量较低，浓度大致呈现枯水期＞平水期＞丰水期的规律。全年最大浓度出现在 1 号点水样，浓度超过地下水水质 3 类标准值（$10\ \mu g\cdot L^{-1}$），不适合人类饮用，但其浓度小于农田灌溉水质标准值（$50\ \mu g\cdot L^{-1}$）。

1 号点位于退役铀矿采场内，且在流经采场的河流附近，除受到地下铀矿床的影响外，还受到地表水的补给。当枯水期来临时，地表水水位降低，与地下水间的水力联系减弱，As 的浓度有所降低；在丰水期，地表水系水位上升，补给加强，地下水中 As 的含量有所升高。

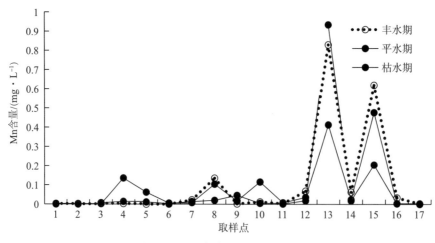

图 3.9　地下水中 Mn 的含量水平

由图 3.9 可知，尾矿库及其周边地区地下水重金属 Mn 的浓度在 0～0.935 mg·L$^{-1}$ 范围内，其中大部分地下水中 Mn 的含量较低。全年最大浓度出现在 13 号点水样，浓度超过地下水水质 3 类标准值（0.1 mg·L$^{-1}$）。其中丰水期有 3 个（8 号、13 号、15 号）、平水期有 5 个（4 号、8 号、10 号、13 号、15 号）、枯水期有 2 个（13 号、15 号）取样点超过地下水质量Ⅲ类标准（10 μg·L$^{-1}$），超标率较 As 更高。出现这种情况的原因之一是采场成分中 Mn 的含量本身较高，另一方面是硫化物矿山尾矿在长期堆放的过程中，受到氧化作用的影响，产生大量硫酸溶解含锰矿物，致使地下水中 Mn 含量增高，这与张越男等人的研究结果具有一致性[5]。如表 3.16 所示。

表 3.16 地下水中 Pb 的含量水平　　　μg·L$^{-1}$

| 点号 | 平水期 | 丰水期 | 枯水期 |
| --- | --- | --- | --- |
| 3 | 5.05 | 0 | 3.235 |
| 10 | 0.215 | 0 | 0 |

尾矿库及其周边地区地下水中 Pb 的含量水平见表 3.16，结合采样布点图发现：地下水中检出重金属 Pb 的点集中在傍河区域，距离流经铀矿山矿区的河流不足 1 km。由此可知：地下水与地表水之间具有水力联系，河流中的 Pb 经过包气带补给地下水，从而导致这 2 个地下水点中 Pb 有所检出，但检出浓度均未超过地下水水质标准。

（3）健康风险评估结果及分析

由于重金属 Cd 与 Cr 在所有采样点均未检出，因此只对重金属 As、Pb 和 Mn 进行健康风险评估计算，根据健康风险评估模型，计算出化学致癌物 As、非化学致癌物 Pb 和 Mn 的健康危害风险值列于表 3.17。

表 3.17 化学致癌物与化学非致癌物的健康危害风险值（RI 值）

| 点号 | 化学致癌物 As | 非化学致癌物 | | 总 RI 值 |
| --- | --- | --- | --- | --- |
| | | Pb | Mn | |
| 1 | $1.06\times10^{-4}$ | 0 | $6.86\times10^{-10}$ | $1.06\times10^{-4}$ |
| 2 | $2.62\times10^{-5}$ | 0 | $5.61\times10^{-10}$ | $2.62\times10^{-5}$ |
| 3 | $1.77\times10^{-5}$ | $1.03\times10^{-11}$ | $1.62\times10^{-9}$ | $1.77\times10^{-5}$ |
| 4 | $3.95\times10^{-6}$ | 0 | $1.90\times10^{-8}$ | $3.97\times10^{-6}$ |
| 5 | $4.36\times10^{-6}$ | 0 | $9.10\times10^{-9}$ | $4.37\times10^{-6}$ |
| 6 | $2.49\times10^{-6}$ | 0 | $1.06\times10^{-9}$ | $2.49\times10^{-6}$ |
| 7 | $1.15\times10^{-6}$ | 0 | $5.43\times10^{-9}$ | $1.15\times10^{-6}$ |
| 8 | $1.79\times10^{-6}$ | 0 | $3.23\times10^{-8}$ | $1.83\times10^{-6}$ |

续表

| 点号 | 化学致癌物 | 非化学致癌物 | | 总 RI 值 |
| --- | --- | --- | --- | --- |
| | As | Pb | Mn | |
| 9 | $8.77\times10^{-7}$ | 0 | $8.11\times10^{-9}$ | $8.85\times10^{-7}$ |
| 10 | $1.14\times10^{-5}$ | $2.68\times10^{-13}$ | $1.65\times10^{-8}$ | $1.14\times10^{-5}$ |
| 11 | $1.05\times10^{-5}$ | 0 | $1.56\times10^{-9}$ | $1.05\times10^{-5}$ |
| 12 | $7.00\times10^{-6}$ | 0 | $1.52\times10^{-8}$ | $7.02\times10^{-6}$ |
| 13 | $6.02\times10^{-7}$ | 0 | $2.72\times10^{-7}$ | $8.74\times10^{-7}$ |
| 14 | $3.93\times10^{-6}$ | 0 | $1.32\times10^{-8}$ | $3.94\times10^{-6}$ |
| 15 | $6.11\times10^{-6}$ | 0 | $1.62\times10^{-7}$ | $6.28\times10^{-6}$ |
| 16 | $2.80\times10^{-6}$ | 0 | $5.05\times10^{-9}$ | $2.81\times10^{-6}$ |
| 17 | $4.48\times10^{-6}$ | 0 | $1.70\times10^{-8}$ | $4.49\times10^{-6}$ |
| 最大值 | $1.06\times10^{-4}$ | $1.03\times10^{-11}$ | $2.72\times10^{-7}$ | $1.06\times10^{-4}$ |
| 最小值 | $6.02\times10^{-7}$ | 0 | $5.61\times10^{-10}$ | $6.02\times10^{-7}$ |
| 均值 | $1.24\times10^{-5}$ | $5.28\times10^{-12}$ | $3.41\times10^{-8}$ | $1.25\times10^{-5}$ |

从表中可以看出，非致癌污染物 Mn、Pb、As 的饮水途径健康危害平均个人年风险范围为分别为 $0\sim1.03\times10^{-11}\ a^{-1}$、$5.61\times10^{-10}\ a^{-1}\sim2.72\times10^{-7}\ a^{-1}$、$6.02\times10^{-7}\ a^{-1}\sim1.06\times10^{-4}\ a^{-1}$，通过饮水途径总的健康危害平均个人年风险范围为 $6.02\times10^{-7}\ a^{-1}\sim1.06\times10^{-4}\ a^{-1}$。

国际辐射防护委员会（ICRP）推荐的最大可接受值为 $5.0\times10^{-5}\ a^{-1}$[6]，研究区范围内仅有 1 号采样点高于此值，其他点均低于最大可接受风险水平。按美国环保署规定，社会人群可接受的风险值为 $10^{-6}\sim10^{-5}/a$，小型人群可接受的风险值为 $10^{-5}\sim10^{-4}/a$。研究区范围内仅有 5 个地下水样的总健康风险值超过 $10^{-5}\ a^{-1}$，1 个地下水样的总健康风险值超过 $10^{-4}\ a^{-1}$。

### 3.2.4　地下水环境辐射风险评估

传统铀矿山开采和冶炼过程所产生的尾矿、废石、废液中常常含有 $^{238}U$、$^{230}Th$、$^{226}Ra$ 等长寿命的天然放射性核素，经过自然风化和降水淋滤等作用进入地下水并随之流动而导致扩散，对地下水产生严重的放射性污染。饮用被放射性废水污染的水可能引起急性或慢性中毒，诱发疾病，而低剂量和中等剂量水平的辐射照射还会增加癌症的远期发病率，提高遗传畸形的发生率，且已有研究表明南方铀矿区成年男子膳食摄入内照射待积有效剂量是正常地区的 $2.5\sim8.3$ 倍[7]，因此对退役铀矿采场及其周边地区开展地下水中放射性核素的调查和评价是迫切且必要的。以某退役铀矿采场及其周边地区为研究对象，对该区域地下水中$^{238}$U、$^{230}$Th、$^{226}$Ra、$^{210}$Pb 和$^{210}$Po 5 种放射性核素采用国标推荐的剂量计算公式，对周边居民因饮用地下水所导致的内照射剂量进行估算。

（1）地下水中放射性核素含量分析

根据地下水样品检测结果显示，地下水样中仅有核素$^{230}$Th 未检出，其他放射性核素$^{238}$U、$^{226}$Ra、$^{210}$Pb 和$^{210}$Po 在平水期、丰水期和枯水期的含量水平见图 3.10～图 3.13 所示。

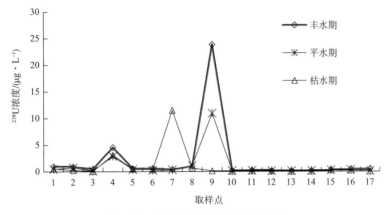

图 3.10　地下水中$^{238}$U 的含量水平

由图 3.10 可知，尾矿库及其周边地区地下水$^{238}$U 的浓度在 $0.02\sim23.85\ \mu g \cdot L^{-1}$ 范围内，其中大部分地下水中 U 的含量较低。丰水期、平水期的最大浓度均出现在 9 号点，浓度分别为 $23.85\ \mu g \cdot L^{-1}$ 和 $10.96\ \mu g \cdot L^{-1}$，是全国平均$^{238}$U 浓度（$3.73\ \mu g \cdot L^{-1}$）的近 10 倍和近 3 倍；而枯水期的最大浓度出现在 7 号点，浓度为 $11.5\ \mu g \cdot L^{-1}$，是全国平均$^{238}$U 浓度的近 3 倍，但未超过 WHO 和 USEPA 给出的参考值[8]（$30\ \mu g \cdot L^{-1}$）。

7 号和 9 号点相邻且位于尾矿库北部退役水冶厂附近，此外露天的退役铀矿采场堆积了大量尾渣，丰水期来临时，大气降水淋滤加强，大量的放射性核素淋滤进入地下，从而使得地下水中的$^{238}$U 含量增加，平水期降水减少，淋滤减弱，地下水中$^{238}$U 含量有所降低，到枯水期时，地下水中$^{238}$U 含量恢复正常水平。

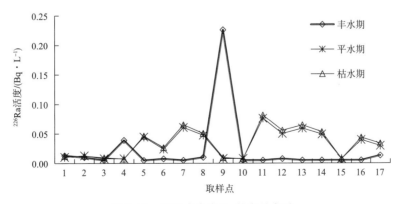

图 3.11　地下水中$^{226}$Ra 的含量水平

由图 3.11 为地下水中 $^{226}$Ra 的含量水平，由图可知，尾矿库及其周边地区地下水 $^{226}$Ra 的浓度在 0.005～0.226 Bq·L$^{-1}$ 范围内，其中大部分地下水中 $^{226}$Ra 的含量较低。整体上枯水期与平水期浓度变化一致，均大于丰水期，但全年最大浓度出现在丰水期 9 号点，与最大 $^{238}$U 含量所在点位一致，浓度为 0.226 Bq·L$^{-1}$，是全国平均 $^{226}$Ra 浓度（7.16 mBq·L$^{-1}$）的近 30 倍，但未超过 WHO 的限值（1 Bq·L$^{-1}$）。

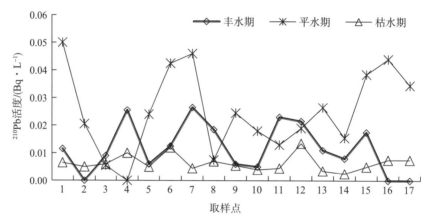

图 3.12　地下水中 $^{210}$Pb 的含量水平

由图 3.12 为尾矿库及其周边地区地下水 $^{210}$Pb 的浓度分布，地下水 $^{210}$Pb 的浓度在 0～0.05 Bq·L$^{-1}$ 范围内，整体上呈现平水期大于丰水期大于枯水期的规律，全年最大浓度出现在平水期 1 号点，浓度为 0.05 Bq·L$^{-1}$，但未超过 WHO 的限值（0.1 Bq·L$^{-1}$）。

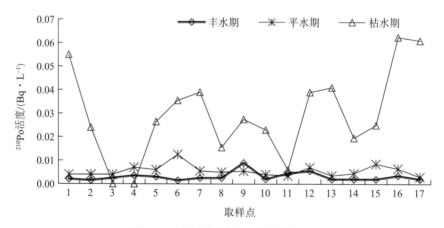

图 3.13　地下水中 $^{210}$Po 的含量水平

由图 3.13 尾矿库及其周边地区地下水 $^{210}$Po 的浓度，由图 3.13 可知：尾矿库及其周边地区地下水 $^{210}$Po 的浓度在 0～0.063 Bq·L$^{-1}$ 范围内，其中平水期与丰水期的地下水中 $^{210}$Po 的含量较低，枯水期地下水中 $^{210}$Po 的含量较前两者高。全年最大浓度出现在枯水期 16 号点，浓度为 0.063 Bq·L$^{-1}$，但未超过 WHO 的限值（0.1 Bq·L$^{-1}$）。

（2）地下水中核素所导致居民剂量评价

在以地下水为对象的内照射剂量估算中，受体接收污染物的途径有口服、吸入和皮肤接触，在本研究中地下水通过皮肤接触和呼吸途径进入人体的量非常少，大部分污染物都是通过饮水途径进入人体的，所以本研究只对居民饮用地下水所导致的居民内照射剂量进行估算。

采用 GB 18871—2002《电离辐射防护与辐射源安全基本标准》中推荐的剂量估算公式和剂量转换参数对饮水所致的剂量进行估算：

$$H_{50} = k \times C_A \times V \tag{3.11}$$

式中，$H_{50}$ 为待积有效剂量，即人体摄入放射性物质后在其后 50 年内将要累积的剂量，Sv；$k$ 为剂量转换系数，Sv/Bq；$C_A$ 为水中放射性核素比活度浓度，Bq/L；$V$ 为人一年内的饮水量，L（一般取 730 L）。

因地下水中未检出 $^{230}Th$，将 $^{238}U$ 含量折算成活度浓度，因此只对 $^{238}U$、$^{226}Ra$、$^{210}Pb$ 和 $^{210}Po$ 进行内照射剂量计算，各核素的剂量转换系数见表 3.18，根据公式计算出的待积有效剂量值列于表 3.19。

**表 3.18　剂量转换系数**

| 核素 | $^{238}U$ | $^{226}Ra$ | $^{210}Pb$ | $^{210}Po$ |
|---|---|---|---|---|
| 剂量转换系数/（Sv/Bq） | $4.5 \times 10^{-8}$ | $2.8 \times 10^{-7}$ | $6.9 \times 10^{-7}$ | $1.2 \times 10^{-6}$ |

**表 3.19　居民因饮用地下水所致的内照射剂量**

| 核素名称 | 平均浓度/（Bq/L） | 年摄入量/（Bq/a） | 待积有效剂量/Sv | 所占比例/% |
|---|---|---|---|---|
| $^{238}U$ | $1.610 \times 10^{-2}$ | 11.753 | $5.289 \times 10^{-7}$ | 2.17 |
| $^{226}Ra$ | $2.809 \times 10^{-2}$ | 20.507 | $5.742 \times 10^{-6}$ | 23.51 |
| $^{210}Pb$ | $1.398 \times 10^{-2}$ | 10.202 | $7.039 \times 10^{-6}$ | 28.82 |
| $^{210}Po$ | $1.268 \times 10^{-2}$ | 9.259 | $1.111 \times 10^{-5}$ | 45.50 |
| 合计 | $7.085 \times 10^{-2}$ | 51.721 | $2.442 \times 10^{-5}$ | 100 |

从表 3.19 中可以看出：某铀矿山及其周边地区居民每年饮用地下水所摄入的放射性核素所导致的总待积有效剂量为 $2.442 \times 10^{-5}$ Sv，其中 $^{210}Po$ 为 $1.111 \times 10^{-5}$ Sv，约占总待积剂量的 45.5%，饮用地下水所导致的内照射剂量主要来自地下水中的 $^{210}Po$，贡献顺序为 $^{210}Po > ^{210}Pb > ^{226}Ra > ^{238}U$。

2011 年世界卫生组织制定的《饮用水水质标准》第四版中指出：全球人均年度受到所有来源的辐射剂量参考水平为 3 mSv，其中通过饮水途径所导致的辐射剂量限值的参考水平为 0.1 mSv。2001 年欧洲委员会在欧盟委员会饮用水指令中也规定年均通过饮水途径所导致的辐射剂量限值的参考水平为 0.1 mSv。由此可知退役铀矿采场及其周边地下水的放射性水平是安全的，不会对饮用地下水的居民造成危害。

# 参考文献：

［1］齐文.某铀尾矿区及下游河水水环境放射性污染特征研究［D］.东华理工大学，2016.

［2］Rojas，J. C.，C. Vandecasteele. Influence of mining activities in the North of Potosi，Bolivia on the water quality of the Chayanta River，and its consequences ［J］. Environmental Monitoring & Assessment，2007，132（1-3）：321.

［3］Neves，O.，M. J. Matias. Assessment of groundwater quality and contamination problems ascribed to an abandoned uranium mine（Cunha Baixa region，Central Portugal）［J］. Environmental Geology，2008，53（8）：1799-1810.

［4］徐魁伟，高柏，刘媛媛，等.某铀矿山及其周边地下水中放射性核素污染调查与评价 ［J］. 有色金属（冶炼部分），2017（7）：58-61.

［5］李亚松.地下水质量综合评价方法研究［D］.北京：中国地质科学院，2009.

［6］申娜，格日勒满达呼，王成国，等. 2014 年呼和浩特市饮用水中总放射性水平调查及所致居民剂量估算 ［J］. 中国辐射卫生，2015，24（4）：340-341.

［7］徐魁伟，高柏，刘媛媛，等.某铀矿山及其周边地区地下水重金属健康风险评估 ［J］. 有色金属：冶炼部分，2017（8）：66-70.

［8］Luo，X. S.，J. Ding，B. Xu，et al. Incorporating bioaccessibility into human health risk assessments of heavy metals in urban park soils ［J］. Science of the Total Environment，2012，424（4）：88-96.

# 第 *4* 章

# 铀矿山土壤放射性调查与评价

在铀矿开采与冶炼的过程中，都伴随放射性核素的产生，放射性核素均可能对生态环境和人体健康造成一定的危害，查明铀矿山及其周边环境下游土壤中核素污染以及核素的迁移规律，了解核素的迁移途径、迁移距离、迁移速度等对铀矿山环境的防护及治理具有重要意义。以南方某铀矿山为例，研究其铀尾矿库下游稻田土壤中核素铀的迁移及其对人体的健康风险，为铀矿山环境的防护与治理研究工作奠定基础。

研究区属亚热带湿润季风气候，气候湿润，降雨量充沛，光热充足。春季阴晴变换较快，雨多风大，日照少，冷热交替变换较快和长阴雨春寒天气较多，春末夏初有时会有冰雹出现。夏季较热，且多雷雨，盛夏天气高温炎热。研究区年平均降水量 1600～1900 mm，年均蒸发量 1100～1600 mm。平均气温在 16.9～18.2 ℃，7 月为最热月，平均气温为 28.8～29.6 ℃，1 月为最冷月，平均气温为 4.9～6.3 ℃。年平均日照为 1582～1928.1 h。相对湿度 79.2%。夏季风向偏南，冬季风向偏北，春秋季风向多变。研究区范围内有人口 42 249 人，其中农业人口 19 370 人，占 45.85%，常住人口 14 103 人，全镇耕地 19 130 亩，主要种植水稻和蔬菜。

某铀矿山地貌为切割中等的中低山区，地形起伏变化大，总体是东南高、西北低，最高点海拔约 1219 m，相对高差为 400～1000 m，区地势总体呈中间高、四周低的一个东西长 26 km²、南北宽 16 km² 的椭圆形山体。尾矿库属于山谷型，地势为丘陵地带。尾矿库附近最高点海拔为 1219.2 m，最低点海拔为 68 m。尾矿库已运行四十余年，近年已关闭停产，库内贮存大量尾砂。在尾矿库的下游为农用稻田，主要用于种植水稻。

## 4.1　研究区土壤中放射性核素分布特征

### 4.1.1　样品采集与测试

（1）采样点分布

尾矿库坝下游是农田，农田的北侧为污水处理厂，铀尾矿库下游稻田土壤作为研究对象。采样设备为 ETC-300 型土壤采样器，共布设 8 个采样点。按照平面和剖面上，平面上，按 NE—SW 和 WN—ES 的方向布设剖面线，NE—SW 分别为剖面线 $a-a'$ 和 $b-b'$，WN—ES 分别为剖面线 $c-c'$ 和 $d-d'$；剖面上，从上至下，20 cm 取一次样，分别在 0 cm、20 cm、40 cm、60 cm、80 cm 和 100 cm 取样。共取得 28 个土壤样（由于采样前降雨作用，稻田里面有积水，采样点 2、3、5 和 6 采了表层土壤样，其余采样点均采到 1 m 深）。用自封袋封装采集的土壤样，尽快运回实验室，并进行相应处理。采样点分布如图 4.1 所示。

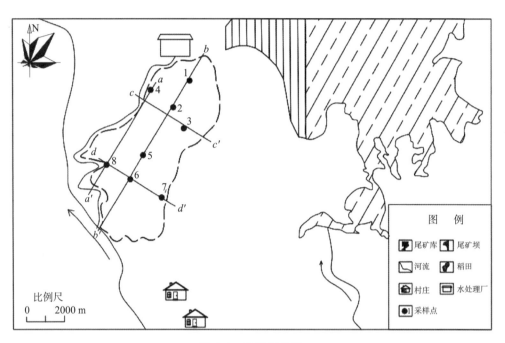

图 4.1　采样布点图

（2）样品处理

采集的样品经过风干→分选→去杂→磨碎→过筛→混匀→装袋→保存→登记→待测等处理过程[1]，具体过程如表 4.1 所示。

表 4.1　土样的处理过程

| 土样的处理过程 | 具体操作过程 |
| --- | --- |
| 风干 | 将取回的土样放在通风、干燥、无阳光直射的地方，摊放在塑料布上，尽可能铺平并把大块捏碎； |
| 分选 | 将风干好的土壤，均匀摊开，用四分法去掉一部分，每个样均留下 300～500 g 供分析用； |
| 去杂 | 将分选好的土样倒在橡皮垫上，用镊子尽可能挑出样品中的石砾、新生体、侵入体、植物根系等杂质； |
| 磨碎 | 去杂后，将土样用木棒轻轻碾压，碾碎土块； |

| 土样的处理过程 | 具体操作过程 |
|---|---|
| 过筛 | 将磨碎的土样，用 GS—86 型电动振筛机过 100 目、200 目的筛，注意过筛过程中盖好盖子，防止细土飞扬； |
| 混匀 | 将过筛好的土样充分混合均匀； |
| 装袋 | 将混合后的土壤装入密封袋中； |
| 保存 | 将装袋后的土样放在干燥的地方保存； |
| 登记 | 大量样品必须编号，登记样品编号、采样详细地点、处理日期等； |
| 待测 | 保存和登记好的土样准备作实验分析 |

（3）结果与分析

应用高纯锗 $\gamma$ 能谱仪测得的土壤中铀比活度，换算成铀含量如表 4.2 所示。

表 4.2 土壤中的铀含量 μg/g

| 采样点编号 | 铀含量 | 采样点编号 | 铀含量 | 采样点编号 | 铀含量 |
|---|---|---|---|---|---|
| 1-1 | 12.75 | 4-3 | 13.39 | 7-4 | 5.43 |
| 1-2 | 12.70 | 4-4 | 6.19 | 7-5 | 3.26 |
| 1-3 | 12.58 | 4-5 | 3.41 | 7-6 | 1.56 |
| 1-4 | 11.63 | 4-6 | 0.08 | 8-1 | 1.34 |
| 1-5 | 8.59 | 5-1 | 6.36 | 8-2 | 8.66 |
| 1-6 | 6.17 | 6-1 | 2.73 | 8-3 | 12.91 |
| 2-1 | 11.06 | 7-1 | 5.40 | 8-4 | 1.69 |
| 3-1 | 5.80 | 7-2 | 3.28 | 8-5 | 1.42 |
| 4-1 | 13.39 | 7-3 | 11.26 | 8-6 | 0.98 |
| 4-2 | 7.30 | — | — | — | — |

注：4-1 是编号为 4 的采样点的表层土壤，4-2 是编号为 4 的采样点的 20 cm 深的土壤，4-3 是编号为 4 的采样点的 40 cm 深的土壤，4-4 是编号为 4 的采样点的 60 cm 深的土壤，4-5 是编号为 4 的80 cm 深的土壤，4-6 是编号为 4 的 100 cm 深度的土壤。其余类推。

由表 4.2 可知，研究区不同采样点表层土壤中铀含量介于 1.34～13.39 μg/g，地下 20 cm深度土壤铀含量介于 3.28～12.70 μg/g，地下 40 cm 深度土壤铀含量介于 11.26～13.39 μg/g，地下 60 cm 深度土壤铀含量介于 1.69～11.63 μg/g，地下 80 cm 深度土壤铀含量介于 1.42～8.59 μg/g，地下 100 cm 深度土壤铀含量介于 0.08～6.17 μg/g。

### 4.1.2 空间分布特征

（1）铀的平面分布特征

根据表 4.2 中的铀含量，应用 surfer 软件绘制表层土壤中铀含量在平面上的分布特征图，如图 4.2 所示。所有采样点中，采样点 1、2、3、4 的铀含量较高，采样点 5、6、7、8 的铀含量较低。总体上，稻田土壤北部铀含量高于南部铀含量，东部铀含量高于西部铀含量。表明尾矿库下游稻田土壤中，离尾矿库越近，铀含量越高，距离尾矿库越远，铀含量越低。蒋经乾等 2015 年的研究表明[2]，尾矿库坝顶渗滤水和坝底渗滤水中核素铀的浓度分别高达 10.14 mg/L 和 7.58 mg/L；而周边地下水核素铀浓度均值为 2.38 mg/L。可知，尾矿坝渗滤水中核素铀浓度较高。稻田土壤核素铀呈现北东高西南低的趋势，主要原因可能是尾矿库渗漏水从尾矿坝流出，进入稻田，近处稻田土优先吸附了水中的铀有关。

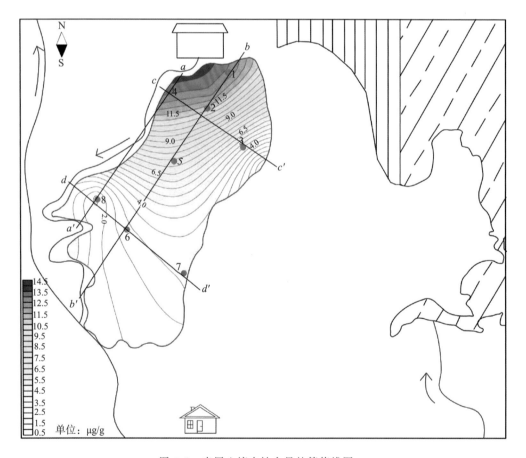

图 4.2　表层土壤中铀含量的等值线图

在研究区稻田土壤 NE—SW 向布设 $a-a'$ 和 $b-b'$ 两条剖面线。其中，剖面线 $a-a'$ 穿过采样点 4 和 8；$b-b'$ 剖面线穿过采样点 1、2、5 和 6。根据各采样点土壤中的铀含量，绘制 $a-a'$ 和 $b-b'$ 剖面线土壤铀含量随距离尾矿库相对距离的变化曲线图，如图 4.3 所示。

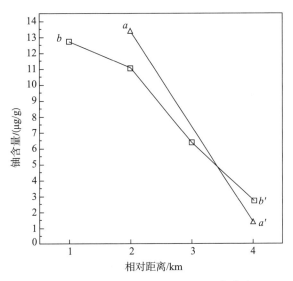

图 4.3　土壤中铀含量的 NE—SW 向分布

由图 4.3 可知，距离尾矿库相对距离越近，土壤中铀含量越高，$a-a'$ 和 $b-b'$ 两条剖面线均呈现这种趋势。这主要由于尾矿库尾矿坝中的渗漏水导致的。

在研究区稻田土壤 WN—ES 向布设 $c-c'$ 和 $d-d'$ 两条剖面线。其中，剖面线 $c-c'$ 穿过采样点 4、2 和 3；$d-d'$ 剖面线穿过采样点 8、6 和 7。根据各采样点土壤中的铀含量，绘制 $c-c'$ 和 $d-d'$ 剖面线各采样点土壤铀含量变化曲线图，如图 4.4 所示。

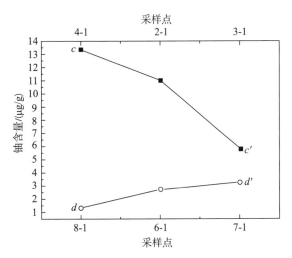

图 4.4　土壤中铀含量的 WN—ES 向分布

由图 4.4 可知，$c-c'$ 剖面线土壤中铀含量明显高于 $d-d'$ 剖面线土壤中铀含量。与 $d-d'$ 剖面线相比，$c-c'$ 剖面线明显距离尾矿库较近，表明距离尾矿库越近，表层土壤中铀含量越高。这与 NE—SW 向土壤中铀含量分布特征相一致。可能均与尾矿坝渗漏水有关。

（2）铀的剖面分布特征

根据表 4.2 中采样点 1、4、7 和 8 各剖面（0 m、0.2 m、0.4 m、0.6 m、0.8 m 和 1 m）铀含量，应用 origin 软件绘制稻田土壤中铀含量在剖面上的分布特征图，如图 4.5 所示，在土壤 100 cm 的深度范围内，随着深度的增加，土壤中铀含量基本呈先增加后降低的趋势。在 0～20 cm 深度范围内，稻田土壤铀含量分布不均，铀含量较低；在 20～40 cm 深度范围内，土壤中铀含量呈现增加趋势；在 40～100 cm 深度范围内，土壤中铀含量呈现降低趋势。表层土壤铀含量在 1.34～13.39 $\mu g/g$；40 cm 土壤铀含量在 11.26～13.39 $\mu g/g$；80 cm 土壤铀含量在 1.42～8.59 $\mu g/g$。

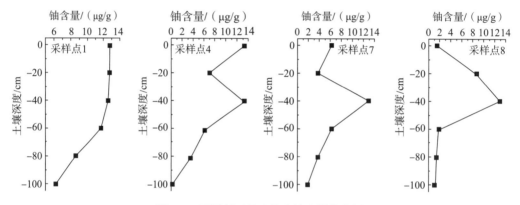

图 4.5　不同剖面的土壤中铀含量分布图

土壤铀含量分布不均，可能与稻田常年受到农耕和灌溉影响有关，经常性农耕作用对稻田土壤的频繁扰动，灌溉易产生地表径流，核素铀可随地表径流迁移，导致稻田土壤中铀含量分布不均。在 0～20 cm 深度范围内，稻田土壤铀含量较低，这主要是由于表层土壤植物根系发达，有机质含量高，对土壤中的铀有吸附作用，将土壤中铀转移到农作物中，导致土壤中铀含量减少。有机质中的一些螯合剂可与根系中的铀形成复合体，且植物根系中存在有机化合物（如草酸等），有机化合物能络合铀酰离子生成稳定的配位化合物[3]。在 20～40 cm 深度范围内，土壤中铀含量增加，40 cm 深度范围最强，说明可能铀在土壤下渗过程中，一定深度范围内经过吸附、有机络合，铀较为稳定。在 40～100 cm 深度范围内，稻田土壤铀含量较低并逐渐减少。这是由于稻田深部土壤不易受到农耕扰动，且经上层土壤对铀的吸附作用，灌溉水和尾矿坝渗漏水至下层时，铀含量会减少。每个采样点均检测出了放射性核素铀，可能是受稻田上游铀尾矿库的影响，也可能与铀本身的区域分布有关[4]。

## 4.2　研究区土壤中放射性核素行为特征

为分析稻田土壤对铀吸附的主要因子，以及铀在土壤中的迁移规律。通过静态吸附和动态柱迁移实验。研究在不同初始铀浓度、pH、接触时间、有机化合物和无机离子条件下对稻田土壤吸附铀的影响，计算铀在土柱中的迁移速度、滞留因子等。

研究区稻田土壤的理化性质见表 4.3。由表 4.3 可知，稻田土壤的水浸 pH 为 4.63，表明稻田土壤呈酸性。稻田土壤的重量含水率为 1.634％。稻田土壤有机质含量为 43.62 g/kg。土壤中常规元素 $Fe_2O_3$ 和 CaO 的含量分别为 7.649％和 0.527％。

表 4.3　土壤理化性质统计表

| 序号 | 参数 | 参数值 | 参数来源 |
|---|---|---|---|
| 1 | pH | 4.63 | 实际测量 |
| 2 | 含水率/（％） | 1.634 | 实际测量 |
| 3 | 有机质含量/（g/kg） | 43.62 | 参考文献 [5] |
| 4 | $Fe_2O_3$/（％） | 7.649 | 参考文献 [5] |
| 5 | CaO/（％） | 0.527 | 参考文献 [5] |

### 4.2.1　土壤对铀的吸附作用及其机制

后期的动态柱实验提供最佳参数（如最适 pH、初始铀浓度、接触时间等）。拟通过静态实验，设定不同初始铀浓度、不同 pH、不同接触时间以及加入不同有机化合物或无机离子，对土壤吸附铀的影响。

（1）实验过程

在 4 种不同条件下（初始 pH、初始铀浓度、接触时间、有机化合物和无机离子）土壤对放射性核素铀吸附效果的实验过程具体如下：

1）初始 pH 的影响

准备 18 个洁净、干燥的锥形瓶，分别编号为 1-1、1-2、1-3、1-4、1-5、1-6、1-7、1-8、1-9、2-1、2-2、2-3、2-4、2-5、2-6、2-7、2-8、2-9，称取 18 个 500 mg 处理后的土样（粒径在 100～200 目）分别放入每个锥形瓶中，其中 1-1～1-9 的锥形瓶中均加入 10 mL 的 10 mg/L 的铀标液，2-1～2-9 的锥形瓶中均加入 10 mL 的 20 mg/L 的铀标液。在室温下，将编号为 1-1～1-9 锥形瓶中的溶液的 pH 分别调到 1、2、3、4、5、6、7、8、9，将编号为 2-1～2-9 锥形瓶中的溶液的 pH 分别调到 1、2、3、4、5、6、7、8、9。

调完后用保鲜膜和橡皮筋封口，放入气浴恒温振荡器（温度为 25 ℃）中振荡 8 h。震荡完后，静止 10 min，取混合溶液约 8 mL 在 8000 r/min 离心分离 20 min，在移取 5 mL 上清液于 10 mL 离心管中，应在 ICP-OES 测量上清液中的铀浓度，记录。

2）初始铀浓度的影响

准备 12 个洁净、干燥的锥形瓶，分别编号为 3-1、3-2、3-3、3-4、3-5、3-6、4-1、4-2、4-3、4-4、4-5、4-6，在 3-1～3-6 中分别称取粒径在 100～200 目的 500 mg 的土样分别放入每个锥形瓶中，在 4-1～4-6 中分别称取粒径在小于 100 目的 500 mg 的土样分别放入每个锥形瓶中。其中 3-1～3-6 的锥形瓶中分别加入 10 mL 的 5 mg/L、10 mg/L、20 mg/L、30 mg/L、40 mg/L 和 60 mg/L 的铀标液，4-1～4-6 的锥形瓶中分别加入 10 ml 的 5 mg/L、10 mg/L、20 mg/L、30 mg/L、40 mg/L 和 60 mg/L 的铀标液。在室温下，所有锥形瓶中溶液的 pH 调到 4。

3）接触时间的影响

准备 14 个洁净、干燥的锥形瓶，分别编号为 5-1、5-2、5-3、5-4、5-5、5-6、5-7，6-1、6-2、6-3、6-4、6-5、6-6、6-7，称取 14 个 500 mg 的粒径在 100～200 目的土样分别放入每个锥形瓶中，其中 5-1～5-7 的锥形瓶中均加入 10 mL 的 10 mg/L 的铀标液，6-1～6-7 的锥形瓶中均加入 10 mL 的 20 mg/L 的铀标液。在室温下，将所有锥形瓶中溶液的 pH 调到 4。

调完后用保鲜膜和橡皮筋封口，将编号为 5-1～5-7 的锥形瓶放入气浴恒温振荡器（温度为 25 ℃）中分别振荡 1 h、2 h、4 h、6 h、8 h、10 h 和 16 h，将编号为 6-1～6-7 的锥形瓶放入气浴恒温振荡器（温度为 25 ℃）中分别振荡 1 h、2 h、4 h、6 h、8 h、10 h 和 16 h。震荡完后，静止 10 min，取混合溶液约 8 mL 在 8000 r/min 离心分离 20 min，在移取 5 mL 上清液于 10 mL 离心管中，应在 ICP-OES 测量上清液中的铀浓度，记录。

4）有机化合物和无机离子的影响

准备 16 个洁净、干燥的锥形瓶，分别编号为 7-1、7-2、7-3、7-4、7-5、7-6、7-7、8-8、8-1、8-2、8-3、8-4、8-5、8-6、8-7、8-8，分别称取粒径在 100～200 目的 500 mg 的土样分别放入每个锥形瓶中。在编号为 7-1～7-7 的锥形瓶中分别加入 1 mL 的去离子水、乙二胺四乙酸（0.5 mol/L）、碳酸钠（0.2 mol/L）、氯化钾（0.5 mol/L）、硫酸钾（0.5 mol/L）、十二水磷酸钠（0.1 mol/L）、草酸钠（0.02 mol/L）、柠檬酸三钠（0.1 mol/L），并在每个锥形瓶中加入 10 mL 的 10 mg/L 的铀标液；在编号为 8-1～8-7 的锥形瓶分别加入 1 mL 的去离子水、乙二胺四乙酸（0.5 mol/L）、碳酸钠（0.2 mol/L）、氯化钾（0.5 mol/L）、硫酸钾（0.5 mol/L）、十二水磷酸钠（0.1 mol/L）、草酸钠（0.02 mol/L）、柠檬酸三钠（0.1 mol/L），并在每个锥形瓶中加入 10 mL 的 20 mg/L 的铀标液。在室温下，所有锥形瓶中溶液的 pH 调到 4。

（2）数据处理与分析

根据实验测得吸附后溶液中的铀浓度以及初始铀浓度计算不同条件下土壤对铀的吸

附率、吸附量和吸附分配系数。土壤对铀的吸附率（$R$）、吸附量（$Q$）及吸附分配系数（$K_d$）的计算公式[5]如下：

吸附率（$R$）：
$$R = (1 - \frac{C}{C_0}) \times 100\% \tag{4.1}$$

吸附量（$Q$）：
$$Q = (C_0 - C) \times \frac{V}{W} \tag{4.2}$$

吸附分配系数（$K_d$）：
$$K_d = \frac{V}{W} \cdot \left(\frac{C_0}{C} - 1\right) \tag{4.3}$$

式中，$R$ 为土壤对放射性核素铀的吸附率，%；$Q$ 为土壤对核素铀的吸附量，mg/g；$K_d$ 为土壤对核素铀的吸附分配系数，mL/g；$C_0$ 为吸附前溶液中核素铀的浓度，mg/L；$C$ 为吸附后溶液中核素铀的浓度，mg/L；$V$ 为加入的核素铀溶液的体积，mL；$W$ 为土壤样品的质量，mg。

1）初始铀浓度的影响

在室温下（25 ℃），初始 pH 为 4、接触时间为 8 h、粒径为 100～200 目的 0 cm 表层和 100 cm 深土壤、土壤量为 500 mg、无额外有机化合物和无机离子加入的条件下，分析初始铀浓度为 5 mg/L、10 mg/L、20 mg/L、30 mg/L、40 mg/L、50 mg/L、60 mg/L时对土壤吸附铀的影响，吸附率（$R$）和吸附量（$Q$）的实验结果如图 4.6 所示。

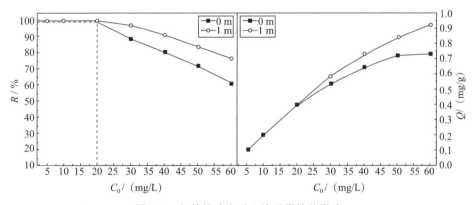

图 4.6　初始铀浓度对土壤吸附铀的影响

由图 4.6 可知，当初始铀浓度小于等于 20 mg/L 时，表层和 1 m 深土壤对铀的吸附率基本稳定，吸附率高达 99%，吸附效果最好。当初始铀浓度等于 20 mg/L～60 mg/L时，随着初始铀浓度的升高，表层和 100 cm 深土壤对铀的吸附率均呈现降低趋势，且表层土壤对铀吸附率的降低趋势较 100 cm 深土壤对铀吸附率的降低趋势更显著。初始铀浓度在 5 mg/L～60 mg/L 时，表层和 100 cm 深土壤对铀的吸附量均呈现升高趋势，且 100 cm 深土壤对铀吸附量的升高趋势较表层土壤对铀吸附量的升高趋势更显著。

当吸附剂的量一定时，吸附质的浓度越高，吸附效果越差。因此，当土壤量固定时，随着溶液中铀浓度的升高，土壤对铀的吸附率降低。研究表明，吸附剂对铀的吸附在未达到饱和吸附容量时，随着初始铀浓度的增加，吸附剂所能吸附的铀量也相应增加[6]。本实验中，土壤对铀的吸附量随着铀浓度的增加一直呈现上升趋势，表明土壤对铀的吸附还未达到饱和吸附容量。在 4.1.2 节中研究表明表层土壤中的铀含量高于100 cm 深土壤中的铀含量，这可能是导致 100 cm 深土壤明显比表层土壤的吸附率高、吸附量大的主要因素，即土壤铀含量背景值越高，对铀的吸附效果越差、吸附量越低。

2）初始 pH 的影响

在室温下（25 ℃），初始铀浓度为 10 mg/L 和 20 mg/L（由于土壤对铀的吸附在10 mg/L 和 20 mg/L 的吸附效果较好）、接触时间为 8 h、粒径为 100～200 目的土壤、土壤量为 500 mg、无额外有机化合物和无机离子加入的条件下，分析初始 pH 为 1、2、3、4、5、6、7、8、9 时对土壤吸附铀的影响，吸附率与吸附量的实验结果分别如图 4.7 所示。

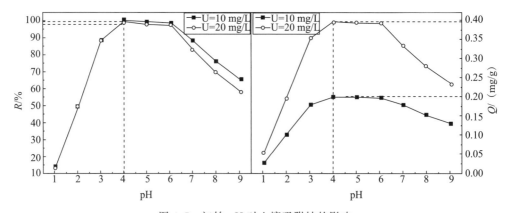

图 4.7　初始 pH 对土壤吸附铀的影响

由图 4.7 可知：在 pH＝1 时，吸附效果最差，铀浓度为 10 mg/L 和 20 mg/L 的吸附率分别为 12.86％和 13.38％，吸附量分别为 0.03 mg/g 和 0.05 mg/g。当 pH＝1～4时，吸附率和吸附量大幅度增加；当 pH＝4～6 时，吸附率缓慢降低、吸附量缓慢减少；当 pH＝7～9 时，吸附率迅速降低、吸附量迅速减少。显然，在 pH＝4 时，吸附效果最好，铀浓度为 10 mg/L 和 20 mg/L 的吸附率分别为 99.87％和 98.67％，吸附量分别为 0.20 mg/g 和 0.39 mg/g。

以上表明，在 pH＝1～4 时，土壤对铀的吸附率和吸附量均呈增加趋势。在 pH＝4～6时，土壤对铀的吸附率和吸附量均较大，当 pH＞6 时，土壤对铀的吸附率和吸附量均降低。这可能是因为在 pH 小于 4 的酸性介质中，由于氢离子浓度较高，它将把被土壤吸附的铀酰取代出来，产生解析作用；在弱酸性介质中，铀主要以铀酰阳离子或氢氧合铀酰阳离子的形式存在，铀酰阳离子和氢氧合铀酰离子均易被土壤吸附；而在中性—碱性介质中铀主要以碳酸合铀酰阴离子的形式存在，土壤不易吸附碳酸合铀酰阴离子[7]。有研究表明[8-9]，当溶液 pH 较高时，土壤表面带负电荷，溶液中铀分子也趋于离子化，由于同性电荷的排斥作用，使得铀分子在土壤表面的吸附减少。因此，pH对土壤吸附铀的作用影响很大，可能与溶液中铀的存在形态及土壤表面电荷有关。

3）接触时间的影响

在室温下（25 ℃），初始pH为4、粒径为100～200目的表层土壤、土壤量为500 mg、无额外有机化合物和无机离子加入的条件下，初始铀浓度为20 mg/L，分析接触时间为1 h、2 h、4 h、6 h、8 h、10 h、12 h和16 h时对土壤吸附铀的影响，吸附率和吸附量的实验结果如图4.8所示。

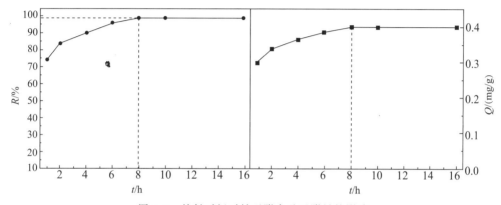

图4.8　接触时间对铀吸附率及吸附量的影响

由图4.8可知：当接触时间为1～8时，土壤对铀的吸附率和吸附量均呈现增加趋势；当接触时间为8～16时，土壤对铀的吸附率和吸附量均呈现稳定的趋势。在接触时间大于等于8 h时，土壤对铀的吸附率和吸附量均达到最大值，分别为99.35%和0.39 mg/g。表明土壤对初始铀浓度20 mg/L铀的吸附饱和时间为8 h。这一研究结果与冯明明等人的研究结果相一致[10]。

4）有机化合物和无机离子的影响

研究表明，溶液中的阳离子对土壤吸附铀的影响较无机离子对土壤吸附铀的影响小很多，且溶液中的阳离子对土壤吸附铀的影响顺序为$Ca^{2+} > Mg^{2+} > K^+ > Na^+$，因此，本实验仅研究无机离子对土壤吸附铀的影响。由于在实际操作中，无机离子不便于操作，因此，用钠盐或钾盐进行实验。

在室温下（25 ℃），初始pH为4、接触时间为8 h、粒径为100～200目表层土壤、土壤量为500 mg、初始铀浓度为10 mg/L和20 mg/L，分析加入1 mL的乙二胺四乙酸二钠、草酸钠和柠檬酸钠等有机化合物以及碳酸钠、氯化钾、硫酸钾、十二水磷酸钠等无机离子、超纯水时对土壤吸附铀的影响，吸附率的实验结果如表4.4所示。

表 4.4　有机化合物和无机离子对土壤吸附铀的影响　　　　　　　　%

| 有机化合物和无机离子 | 土壤对铀的吸附率 |
|---|---|
| $C_{10}H_{16}N_2Na_2O_8$ | 88.18 |
| $Na_2C_2O_4$ | 57.18 |
| $Na_3C_6H_5O_7 \cdot 2H_2O$ | 14.02 |
| $Na_2CO_3$ | 99.28 |
| KCl | 99.89 |
| $K_2SO_4$ | 98.08 |
| $Na_3PO_4 \cdot 12H_2O$ | 89.41 |
| 超纯水 | 99.48 |

由表 4.4 可知，有机化合物乙二胺四乙酸二钠、草酸钠和柠檬酸钠均使得土壤对铀的吸附率降低，分别降到 88.18%、57.18% 和 14.02%。无机离子碳酸根、氯离子、硫酸根和磷酸根对土壤吸附铀的吸附率分别为 99.28%、99.89%、98.08% 和 89.41%。有机化合物（乙二胺四乙酸二钠、草酸钠和柠檬酸钠）和无机离子（碳酸根、氯离子、硫酸根和磷酸根）对土壤吸附铀的影响由大到小的顺序为柠檬酸钠＞草酸钠＞乙二胺四乙酸二钠＞磷酸根＞硫酸根＞碳酸根＞氯离子。

有机化合物乙二胺四乙酸二钠、草酸钠和柠檬酸钠对土壤吸附铀的影响，主要是因为有机化合物的络合能力，可能草酸根离子和柠檬酸根离子与铀的络合常数较大，使得土壤和溶液中加入的草酸根离子和柠檬酸根离子在与铀进行络合反应时，发生竞争吸附所致[11]。根据库仑定律，即周期表中的同列元素，电价高的离子可交换吸附电价低的离子，电价相同的同族元素，根据离子的水化学作用原理，离子半径大的交换离子半径小的。因此，在温度、浓度和 pH 等条件相同的情况下，离子交换吸附能力排列顺序为有机化合物＞磷酸根＞硫酸根＞碳酸根＞氯离子。所以，土壤对铀吸附的影响由大到小的顺序为柠檬酸钠＞草酸钠＞乙二胺四乙酸二钠＞磷酸根＞硫酸根＞碳酸根＞氯离子。

5）静态法吸附分配系数（$K_d$）的计算

依据式（4.3）计算静态实验中最佳实验条件下（即 pH 为 4，接触时间为 8 h）稻田表层土壤对铀浓度（10 mg/L 和 20 mg/L）的吸附分配系数。计算结果如表 4.5 所示。

表 4.5　静态法吸附分配系数计算结果表

| 加入的核素的体积/mL | 土样的质量/mg | 吸附前浓度/(mg/L) | 吸附后浓度/(mg/L) | 吸附分配系数/(mL/g) |
|---|---|---|---|---|
| 10 | 500 | 10 | 0.021 | 9.50 |
|  |  | 20 | 0.192 | 2.06 |

（3）吸附等温线分析

静态吸附实验中，土壤对铀溶液的吸附过程是一动态平衡过程，这一过程通常用 Langmuir、Freundlich 和 Temkin 吸附等温线方程来表示这一过程，其吸附等温线方程如下：

Langmuir 吸附等温线方程：$\dfrac{1}{q_e} = \dfrac{1}{q_{max}} + \dfrac{K_L}{q_{max}} \cdot \dfrac{1}{C_e}$      (4.4)

Freundlich 吸附等温线方程：$\lg q_e = \lg K_F + \dfrac{1}{n} \cdot \lg C_e$      (4.5)

Temkin 吸附等温线方程：$q_e = \alpha \ln K_T + \alpha \ln C_e$      (4.6)

式中，$q_e$ 为不同初始铀浓度下的吸附量，mg/g；$q_{max}$ 为吸附平衡时的最大吸附量，mg/g；$C_e$ 为吸附达到平衡时溶液中的铀浓度，mg/L；$K_L$，$K_F$，$K_T$ 为与铀结合能有关的常数，无量纲；$\dfrac{1}{n}$ 为与吸附强度相关的参数，无量纲；$\alpha$ 为吸附平衡常数，无量纲。

$q_{max}$ 和 $K_L$ 可通过 $1/q_e$ 对 $1/C_e$ 作图后所得直线的斜率和截距计算得到。$1/n$ 可通过 $\lg q_e$ 和 $\lg C_e$ 作图后所得直线的斜率计算得到，当 $1/n$ 位于 0.1～0.5 时，表明吸附质易被吸附，当 $1/n > 0.5$ 时，表明吸附质不易被吸附，而 $1/n$ 的值越小，越有助于吸附质被吸附。$K_L$，$K_F$ 和 $K_T$ 反映的是土壤对铀的吸附量大小，值越大，吸附量越多。

将铀不同初始浓度下的静态吸附试验所得数据按式（4.4）、式（4.5）和式（4.6）吸附等温线方程分别以 $1/q_e - 1/C_e$、$\lg q_e - \lg C_e$ 以及 $q_e - \ln C_e$ 作图，进行一元线性拟合，如图 4.9～图 4.11 所示，各等温线相关参数如表 4.6 所示。

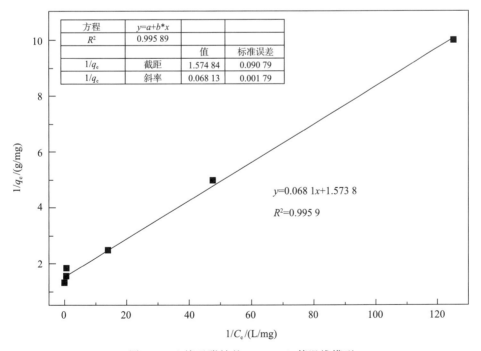

图 4.9　土壤吸附铀的 Langmuir 等温线模型

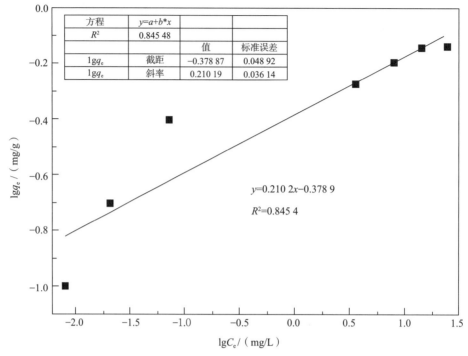

图 4.10　土壤吸附铀的 Freundlich 等温线模型

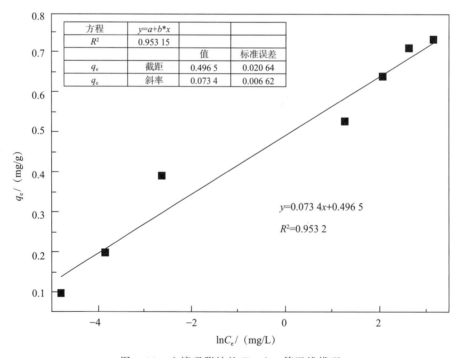

图 4.11　土壤吸附铀的 Temkin 等温线模型

由图 4.9～图 4.11 可知，总体上，土壤吸附铀的 Langmuir、Freundlich 和 Temkin 一元线性拟合曲线具有较好的线性关系。土壤吸附铀的 Langmuir、Freundlich 和 Temkin 的一元线性拟合曲线相关系数（$R^2$）分别为 0.995 9、0.845 4 和 0.953 2，描述土壤吸附铀动态过程等温线方程的优先顺序为 Langmuir＞Temkin＞Freundlich。表明土壤对铀溶液的吸附是单分子层吸附。

由表 4.6 可知，Langmuir 等温线中的 $q_{max}$ 为 0.635 4 mg/g，表明土壤对铀的最大吸附量为 0.635 4 mg/g。土壤吸附铀 Freundlich 等温线模型中，$1/n$ 为 0.210 2，位于 0.1～0.5 范围，表明溶液中的铀容易被土壤吸附。土壤吸附铀的 Temkin 等温线模型是用于研究吸附质与吸附剂间吸附热的关系，从拟合曲线参数可知，温度升高而吸附热降低，表明土壤对铀溶液的吸附是放热过程。

**表 4.6　土壤吸附铀的等温线方程参数**

| Langmuir 等温吸附模型 | | | Freundlich 等温吸附模型 | | | Temkin 等温吸附模型 | | |
|---|---|---|---|---|---|---|---|---|
| $q_{max}$ | $K_L$ | $R^2$ | $1/n$ | $K_F$ | $R^2$ | $\alpha$ | $K_T$ | $R^2$ |
| 0.635 4 | 0.043 3 | 0.995 9 | 0.210 2 | 0.417 9 | 0.845 4 | 0.073 4 | 832.80 | 0.953 2 |

（4）吸附动力学分析

土壤对放射性核素铀吸附动力学模型主要有准二级动力学模型、Elovich 模型和内扩散模型等。准二级动力学模型、Elovich 模型和内扩散模型的方程式如下：

准二级动力学模型方程式：$\dfrac{t}{q_t} = \dfrac{1}{K_2 q_2^2} + \dfrac{1}{q_2} \cdot t$ （4.7）

Elovich 模型方程式：$q_t = K_E \ln t + C_1$ （4.8）

内扩散模型方程式：$q_t = K_{int} t^{\frac{1}{2}} + C_2$ （4.9）

式中，$q_t$ 为 $t$ 时刻下的吸附量，mg/g；$t$ 为时间，h；$K_2$ 为准二级动力学过程中的速率常数，g/（mg·min）；$q_2$ 为反应达到平衡时的吸附量，mg/g；$K_E$ 为 Elovich 吸附速率常数；$C_1$、$C_2$ 为吸附常数；$K_{int}$ 为内扩散模型方程的吸附速率常数。

根据式（4-7）、式（4-8）和式（4-9）将不同吸附时间下的吸附量，分别按照 $t/q_t － t$、$q_t － \ln t$ 和 $q_t － t^{\frac{1}{2}}$ 进行一元线性拟合，结果如图 4.12～图 4.14，各动力学相关参数见表 4.7。

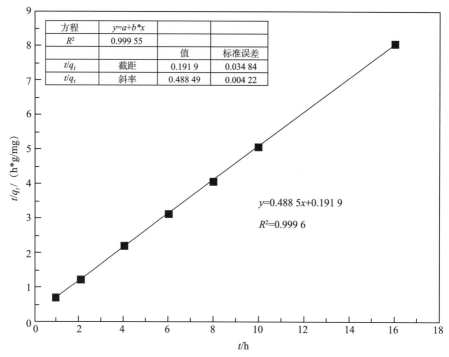

图 4.12　土壤吸附铀的准二级动力学模型

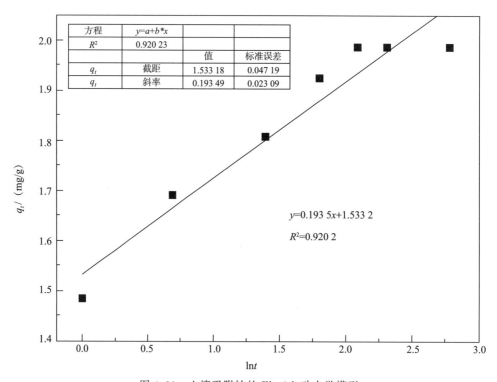

图 4.13　土壤吸附铀的 Elovich 动力学模型

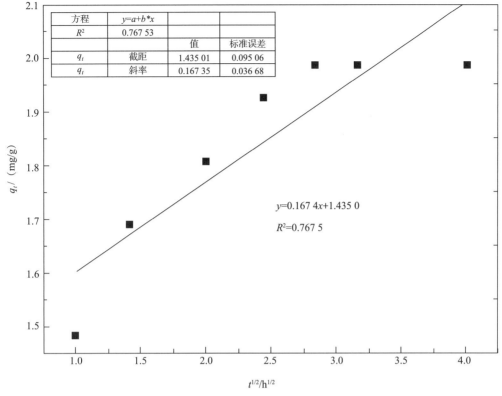

图 4.14 土壤吸附铀的内扩散动力学模型

**表 4.7 土壤吸附铀的动力学方程参数**

| 拟一级动力学模型 | | | Elovich 模型 | | | 颗粒内扩散模型 | | |
| --- | --- | --- | --- | --- | --- | --- | --- | --- |
| $q_2$ | $K_2$ | $R^2$ | $C_1$ | $K_E$ | $R^2$ | $C_2$ | $K_{int}$ | $R^2$ |
| 2.047 1 | 1.243 5 | 0.999 6 | 1.533 2 | 0.193 5 | 0.920 2 | 1.435 0 | 0.167 4 | 0.767 5 |

由图 4.12～图 4.14 可知，土壤吸附铀溶液的准二级动力学模型、Elovich 模型、内扩散模型的相关系数 $R^2$ 分别为 0.999 6 和 0.999 2、0.920 2。显然，较 Elovich 模型和内扩散模型，准二级动力学模型能更好地描述土壤吸附铀溶液吸附过程的动力学特征。拟合曲线的纵坐标截距均不为 0，表明土壤对铀溶液的吸附过程是由物理吸附和化学吸附共同作用的。

## 4.2.2 铀在土壤中迁移规律研究

研究天然核素铀在土壤中的迁移速度、滞留因子以及实验前后土柱中铀含量的分布规律。根据静态实验结果以及动态柱实验，研究在初始 pH 为 4 时，核素铀在土柱中的迁移规律，计算吸附分配系数。

（1）实验装置

动态柱迁移实验的实验装置如图 4.15 所示。由铁架台、取样瓶、土柱、蠕动泵、硅胶管等组成。土柱由有机玻璃制成，柱的内径为 2 cm，高为 10 cm。土柱顶部和底部的 1 cm 填充石英砂，并放置过滤网，防止土壤流失，柱子堵塞。柱中分别装有不同深度的土壤样。

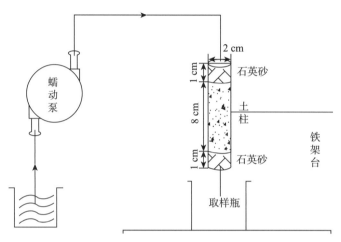

图 4.15　柱迁移实验装置示意图

（2）土柱的填充及预处理

在柱子的底部放置过滤网，填充 1 cm 高度的石英砂。选取具有代表性的 4 号采样点的土壤样品。将处理好的土壤样品依次按照粒径及距离地表由远及近填充，即距离地表 1 m 深、100～200 目粒径的填充 1 cm，0.8 m 深、100～200 目粒径的填充1 cm，0.6 m 深、100～200 目粒径的土壤填充 1 cm，0.4 m 深、100～200 目粒径的填充 1 cm，0.2 m 深的土壤填充 1 cm，地表土壤、100～200 目粒径的填充1 cm，地表土壤、<100 目粒径的填充 2 cm。然后，剩下的 1 cm 填充石英砂。放置过滤网，并用生料带盖紧盖子。装填过程中，每装填 3 cm 高度的土壤样品，便压实，并用超纯水淋洗至流入速度与流出速度大致相等。实验前，用超纯水淋洗柱子，至流量稳定为止。土柱状态情况如表 4.8 所示。

**表 4.8　土柱装填情况**

| 编号 | 距离地表深度/m | 粒径/目 | 土壤填充高度/cm | 质量/g | 堆积密度/(g/cm³) |
|---|---|---|---|---|---|
| 1 | 1 | 100～200 | 1 | 3.501 9 | 1.115 |
| 2 | 0.8 | 100～200 | 1 | 3.511 3 | 1.118 |
| 3 | 0.6 | 100～200 | 1 | 3.503 3 | 1.115 |

续表

| 编号 | 距离地表<br>深度/m | 粒径/目 | 土壤填充<br>高度/cm | 质量/g | 堆积密度/<br>(g/cm³) |
|---|---|---|---|---|---|
| 4 | 0.4 | 100~200 | 1 | 3.503 6 | 1.115 |
| 5 | 0.2 | 100~200 | 1 | 3.509 2 | 1.117 |
| 6 | 0 | 100~200 | 1 | 3.504 2 | 1.115 |
| 7 | 0 | <100 | 2 | 8.011 5 | 2.550 |

（3）实验步骤

经预处理后的土柱按如下实验步骤进行核素的注入和淋洗实验：

① 装有土壤样品的柱子经过预处理，流速已达稳定状态，应用量筒测量 1 天时间柱中水的流出量（$Q_水$），用此流出量除以柱面积，即柱中水的实际流速，记为 $V_w$。

② 将铀标液（本实验用 10 mg/L 和 20 mg/L 浓度）的 pH 调到 4 左右，用蠕动泵抽取铀标液以稳定流速（$V_w$）持续从柱子顶部供给，从注入铀标液后每隔 3 h 对柱子的流出液进行取样，并用 ICP-OES 测量流出液中的铀浓度。

③ 根据土柱有效长度 $L$ 和铀溶液流出所对应的时间 $t$，可算出铀的迁移速度 $V_n$，即 $V_n = L/t$。

④ 根据柱中水的实际流速（$V_w$）和铀的迁移速度（$V_n$）可计算出铀在土壤中的滞留因子（$R_d$），即 $R_d = V_w/V_n$。

（4）实验结果

根据实验所测 1 天土柱中水的流出量约为 90 mL，即 $Q_水 = 90$ mL/d。实验土柱的长度 $L = 10$ cm，半径 $R = 1$ cm。则 $V_w = 0.29$ m/d。初始铀浓度为 10 mg/L 和 20 mg/L 的铀在土柱中的迁移结果如图 4.16 所示。

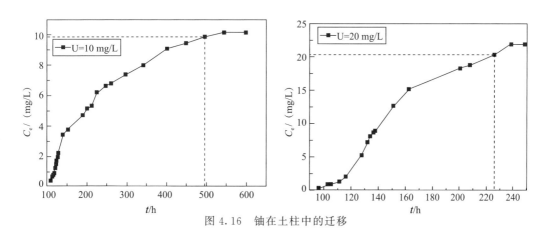

图 4.16　铀在土柱中的迁移

由图 4.16 可知：初始铀浓度为 10 mg/L 的土柱，在大约 100 h 后开始出现铀；在约 120 h 时，铀浓度为 1.253 mg/L。随着时间的增长，铀浓度不断增高，在约 500 h

时穿出浓度与加入浓度基本相等。在 500～550 h，穿出浓度稍微高出进入浓度，穿出浓度约为 12 mg/L，在 550 h 之后，达到稳定趋势。初始浓度为 20 mg/L 的铀在 90 h 左右开始出现铀，在 116 h 时，铀浓度为 2.052 mg/L。随着时间的延长，穿出的铀浓度不断升高。在 225 h 左右，铀穿出浓度与进入浓度基本相等，在 225～240 h，穿出浓度稍微高出进入浓度，穿出浓度约为 22 mg/L，在 240 h 以后，以这一浓度值稳定。

这主要是由于土壤对铀的吸附与解析过程所致。当初始加入的铀浓度远远低于土壤吸附铀的饱和容量时，在穿出的溶液中检测出微量的铀，甚至未检测出铀，这是土壤对铀的吸附过程。随着时间的增长，初始铀溶液的持续加入，土壤对铀的吸附量逐渐减少，在流出的溶液中出现铀，且流出液中铀浓度不断增加，直至土壤对铀的吸附达到饱和容量，流出液铀浓度等于初始加入的铀浓度。随着铀溶液的持续加入，此时土壤中的铀开始出现解析，使得流出液铀浓度稍高于初始加入铀浓度，这是土壤对铀的解析过程。

计算放射性核素铀在土柱中的迁移速度 $V_n$ 以及铀在土柱中的滞留因子 $R_d$ 值如表 4.9 所示。

由表 4.9 可知：初始铀浓度为 10 mg/L 和 20 mg/L 在土柱中的迁移速度为 0.384 cm/d 和 1.655 cm/d，滞留因子分别为 78.12 和 18.13。显然，初始铀浓度越高，铀在土柱中的迁移速度越大，迁移距离越远；铀在土柱中的滞留因子越大，则停留时间越长。

表 4.9 铀在土柱中的迁移速度和滞留因子

| 核素 | | 迁移速度/（cm/d） | 滞留因子 |
|---|---|---|---|
| 铀 | 10 mg/L | 0.384 | 78.12 |
| | 20 mg/L | 1.655 | 18.13 |

（5）动态法吸附分配系数（$K_d$）的计算

根据动态柱试验结果和以下公式计算吸附分配系数：

$$K_d = \frac{\rho}{\varepsilon}(R_d - 1) \tag{4.10}$$

式中，$K_d$ 为 吸附分配系数，mL/g；$\rho$ 为土壤堆积密度，g/cm³；$\varepsilon$ 为有效空隙度，%；$R_d$ 为滞留因子，%。

上式中各参数的求取如下：

土壤堆积密度 $\rho = \frac{m}{V}$，$m$ 为有机柱中填充土壤的质量，本实验约为 30 g；$V$ 为有机柱的体积，有机柱的半径为 1 cm，有机柱的有效长度为 8 cm，有机柱的体积 $V = 25.12$ cm³。因此，土壤堆积密度 $\rho = 1.194$ g/cm³。

有效空隙度 $\varepsilon$，本实验有效空隙度计算采用公式 $\varepsilon = \frac{W_2 - W_1}{\gamma \nu} \times 100\%$ 进行求取。

在有机玻璃柱装入约 30 g 的土壤，压实，使其填充高度为 8 cm。在天平上称量有机玻璃柱及装填土壤的总重量，记录为 $W_1$；向土柱中注入超纯水，待填充满 8 cm 的土柱且无水溢出后，测量有机玻璃柱的总重量，记录为 $W_2$；根据超纯水的容重、有机玻璃柱的体积及注水前后的总重量，求得有效空隙度 $\varepsilon = 0.12$。

根据式（4.10）和表 4.7 中的滞留因子以及相应参数计算吸附分配系数 $K_d$，如表 4.10 所示。

静态法所计算的 10 mg/L、20 mg/L 铀的吸附分配系数分别为 9.50 L/mg、2.06 L/mg，动态法所计算的 10 mg/L、20 mg/L 铀的吸附分配系数分别为 7.75 L/mg、1.72 L/mg。静态法计算的吸附分配系数与动态法计算的吸附分配系数相差不大，表明静态实验与动态试验较吻合。

表 4.10 动态法吸附分配系数计算结果表

| 核素 | 初始浓度/（mg/L） | 土壤堆积密度/（g/cm³） | 有效空隙度/% | 滞留因子 | 吸附分配系数/（L/mg） |
|---|---|---|---|---|---|
| 铀 | 10 | 1.194 | 0.12 | 78.12 | 7.75 |
|  | 20 | 1.194 | 0.12 | 18.13 | 1.72 |

（6）铀在迁移断面中分布特征

为研究动态实验后土柱各断面中铀含量分布特征，在核素铀的注入实验完成后，按照土柱装填时的 7 层进行切割，将土柱进行切割后测得的 7 层土壤断面中铀的含量如表 4.11 所示。

表 4.11 土柱中各土壤断面的铀含量

| 断面编号 | 距离地表深度/m | 土壤粒径/目 | 土柱填充高度/cm | 土壤背景值/（μg/g） | 铀含量/（μg/g） 10 mg/L | 铀含量/（μg/g） 20 mg/L |
|---|---|---|---|---|---|---|
| 1 | 0 | <100 | 3 | 13.39 | 32.82 | 38.41 |
| 2 | 0 | 100～200 | 4 | 13.39 | 39.48 | 40.08 |
| 3 | 0.2 | 100～200 | 5 | 7.30 | 42.24 | 47.52 |
| 4 | 0.4 | 100～200 | 6 | 13.39 | 31.26 | 31.92 |
| 5 | 0.6 | 100～200 | 7 | 6.19 | 12.12 | 15.72 |
| 6 | 0.8 | 100～200 | 8 | 3.41 | 10.81 | 10.56 |
| 7 | 1 | 100～200 | 9 | 0.08 | 15.48 | 11.41 |

根据表 4.11，应用 origin 绘制淋滤完成后土柱中不同装填深度铀浓度变化曲线图，如图 4.17 所示。

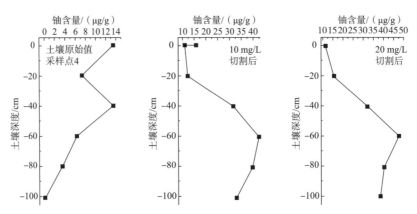

图 4.17 土柱断面中铀浓度与土壤原始铀浓度对比图

由图 4.17 可知，初始铀浓度为 10 mg/L 和 20 mg/L 的不同土柱断面铀浓度变化趋势相同。切割后土柱断面中的铀浓度呈先降低、后上升、再降低的趋势。土柱最上端断面浓度稍高于它的下一层断面，从第二层断面开始呈急剧增加趋势，直至第五层断面以后又呈现逐渐下降趋势。初始铀浓度为 10 mg/L 和 20 mg/L 的土柱断面均在第五层，即装填 6 cm 处的深度处土柱断面土壤中的铀含量最高，分别为 42.24 $\mu g/g$ 和 47.52 $\mu g/g$。初始铀浓度为 10 mg/L 和 20 mg/L 的土柱切割后断面铀含量分别介于 10.81～42.24 $\mu g/g$ 和 10.56～47.52 $\mu g/g$；原状土壤中的铀含量介于 0.08～13.39 $\mu g/g$。

第一二层装填的均是表层土壤，但第二层浓度明显高于第一层浓度，主要是由于第一层土壤的粒径大于第二层土壤的粒径，土壤粒径越小，对铀的吸附量越高[12]，因此，第二层土壤中的铀含量高于第一层土壤铀含量。动态实验后土壤中铀浓度高于土壤中原始铀浓度，表明经过动态柱淋滤实验后，原状土壤中吸附了较多的铀。动态柱实验前后土壤中铀浓度分布规律基本一致，最高浓度点偏移了约 20 cm（即实验前在 40 cm 土壤中铀含量最高，实验后在 60 cm 土壤中铀含量最高）。因此，铀尾矿库下游稻田土壤仍具有较强吸附铀的能力，但天然情况下，可能由于土壤粒径及气候等条件，稻田土壤吸附铀的能力会降低。

### 4.2.3　土壤中 $^{226}$Ra、$^{232}$Th、$^{40}$K 分布特征

某尾矿库下游农田采样点 2、4、5、6 和 8 五个采样点分布如图 4.18 所示。

按不同深度（0、40、100 cm）采 3 个点，总共 15 个样，通过高纯锗-γ 能谱仪对土壤中放射性核素 $^{238}$U、$^{226}$Ra、$^{232}$Th 和 $^{40}$K 进行测定，可以得出土壤中放射性核素 $^{226}$Ra、$^{232}$Th 和 $^{40}$K 的含量范围分别为 $1.127×10^{-12}$～$1.609×10^{-11}$ g/g、$5.446×10^{-8}$～$5.674×10^{-5}$ g/g 和 0.000 104 93～0.035 430 63 g/g，平均值分别为 $1.004 03×10^{-5}$、$4.670 46×10^{-12}$、$1.967 68×10^{-5}$ 和 0.018 498 485 g/g。

研究区土壤中放射性核素 $^{226}$Ra 分布如图 4.19 所示，土壤中放射性核素 $^{226}$Ra 由南至北方向上同一采样点深度上无明显的变化趋势，由西至东同一深度上随着采样点距离

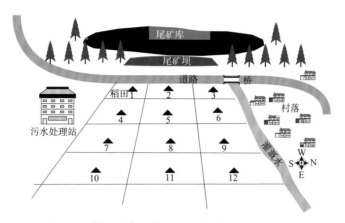

图 4.18　某尾矿库下游稻田土壤采样点分布示意图

尾矿库距离的增加呈现一个逐渐减小的趋势。这主要由于尾矿库中含有放射性核素的污水通过尾矿坝渗滤到稻田土壤中，随着离尾矿库距离的增加，受到土壤的吸附和截留作用，土壤中含有的 $^{226}$Ra 会逐渐地减小。同时，随着采样点深度的增加，土壤中所含的放射性核素 $^{226}$Ra 呈现减小的趋势，采样点 4 出现一个特异性。

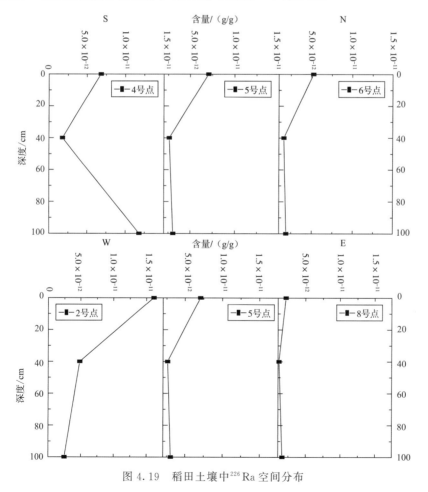

图 4.19　稻田土壤中 $^{226}$Ra 空间分布

研究区土壤中放射性核素$^{232}$Th 如图 4.20 所示，土壤中放射性核素$^{232}$Th 由南至北同一深度上呈现减小的趋势，由西至东随着采样点距离尾矿库距离的增加也出现逐渐减小的趋势，这主要由于随着距离的增加，从尾矿库中渗滤的污水会受到土壤的吸附和截留作用，因此会出现减小的趋势。同时随着采样点深度的增加，土壤中放射性核素$^{232}$Th会出现减小的趋势，因为随着采样点深度的增加，污水受到土壤的吸附和截留作用，使得底层土壤中含有的放射性核素$^{232}$Th 越来越少。但是采样点 4 出现特异性，随着采样点深度的增加，呈现了逐渐增大的趋势，主要原因可能是在采样点 4 附近建了一个污水处理厂，污水处理厂处理后的废水排入 4 号采样点附近的小溪中，造成了 4 号采样点产生特异性。

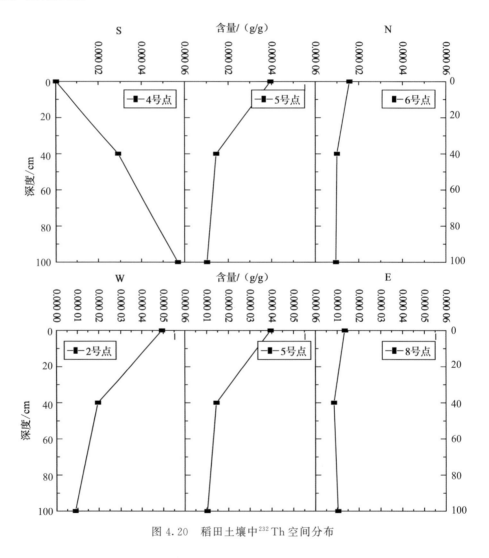

图 4.20　稻田土壤中$^{232}$Th 空间分布

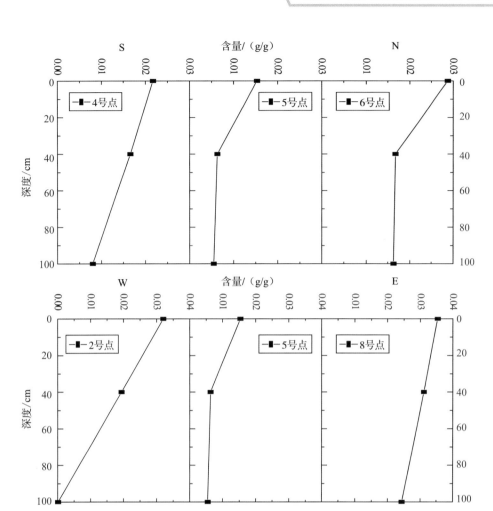

图 4.21　稻田土壤中$^{40}$K 空间分布

由图 4.21 可以得出：放射性核素$^{40}$K 在同一采样点深度上无明显的变化趋势，但是随着采样点深度的增加土壤中含有的放射性核素$^{40}$K 会出现逐渐减少的趋势，这主要由于土壤的吸附和截留作用造成的。

## 4.3　铀矿区土壤中重金属行为研究

对某铀矿山尾矿库下游稻田土壤中的 4 种重金属（Cu、Cr、Zn、Pb）的含量进行测定，采用网格布点法，每一点均采集不同深度的土壤，共布设 12 个采样点，每点横向相距约 50～100 m，纵向每个点相距 200 m 左右。在设置好的采样点处挖掘一个 1 m 的土壤剖面，距离地面分别为 0、20、40、60、80、100 cm 深度处采集土壤样品，共采集土壤样品 72 个，采样布点图见图 4.17。

### 4.3.1 土壤中重金属元素的总量

测定尾矿库下游稻田土壤 72 个样品中重金属元素，4 个元素总量的测定结果见表 4.12，表 4.13。

**表 4.12 稻田采样点土壤中重金属含量**

| 含量/（mg/kg） | Cu | Cr | Zn | Pb | 含量/（mg/kg） | Cu | Cr | Zn | Pb |
|---|---|---|---|---|---|---|---|---|---|
| 1 号采样点/cm  0 | 43.94 | 125.99 | 99.66 | 42.18 | 7 号采样点/cm  0 | 45.03 | 122.24 | 101.05 | 39.32 |
| 20 | 37.86 | 130.46 | 106.78 | 47.27 | 20 | 52.46 | 136.66 | 107.93 | 42.59 |
| 40 | 50.47 | 143.32 | 129.83 | 43.25 | 40 | 49.08 | 144.42 | 122.01 | 39.44 |
| 60 | 42.56 | 148.45 | 116.35 | 38.25 | 60 | 37.88 | 125.23 | 99.36 | 36.55 |
| 80 | 44.58 | 137.68 | 104.68 | 37.22 | 80 | 44.53 | 139.05 | 104.08 | 34.36 |
| 100 | 38.73 | 136.21 | 101.32 | 35.13 | 100 | 41.75 | 127.09 | 108.10 | 30.88 |
| 2 号采样点/cm  0 | 43.14 | 120.78 | 100.31 | 41.29 | 8 号采样点/cm  0 | 45.70 | 122.45 | 97.25 | 38.24 |
| 20 | 48.96 | 128.45 | 116.32 | 42.11 | 20 | 46.35 | 124.77 | 107.27 | 43.25 |
| 40 | 52.85 | 138.90 | 132.84 | 40.32 | 40 | 49.98 | 127.23 | 120.37 | 40.25 |
| 60 | 45.77 | 147.35 | 109.51 | 39.11 | 60 | 42.95 | 139.22 | 106.11 | 38.98 |
| 80 | 44.28 | 138.34 | 101.10 | 38.77 | 80 | 38.69 | 132.38 | 103.09 | 36.25 |
| 100 | 44.28 | 136.11 | 98.62 | 32.11 | 100 | 40.34 | 129.33 | 100.34 | 32.54 |
| 3 号采样点/cm  0 | 42.54 | 126.35 | 102.20 | 43.22 | 9 号采样点/cm  0 | 49.66 | 122.70 | 110.06 | 44.73 |
| 20 | 48.46 | 138.21 | 111.93 | 45.21 | 20 | 63.16 | 128.24 | 117.51 | 43.02 |
| 40 | 53.79 | 138.22 | 131.43 | 43.11 | 40 | 65.14 | 136.68 | 119.15 | 46.37 |
| 60 | 53.20 | 148.78 | 117.64 | 38.22 | 60 | 65.33 | 138.75 | 122.11 | 47.62 |
| 80 | 48.70 | 138.78 | 109.28 | 35.65 | 80 | 52.64 | 135.70 | 110.20 | 40.50 |
| 100 | 48.46 | 135.44 | 100.30 | 34.18 | 100 | 54.55 | 134.59 | 111.38 | 42.52 |

续表

| 含量/（mg/kg） | | Cu | Cr | Zn | Pb | 含量/（mg/kg） | | Cu | Cr | Zn | Pb |
|---|---|---|---|---|---|---|---|---|---|---|---|
| 4号采样点/cm | 0 | 32.29 | 116.51 | 97.25 | 33.16 | 10号采样点/cm | 0 | 39.27 | 124.11 | 98.27 | 47.23 |
| | 20 | 45.13 | 128.64 | 119.43 | 36.36 | | 20 | 41.38 | 126.44 | 110.38 | 48.25 |
| | 40 | 55.31 | 141.86 | 131.84 | 39.12 | | 40 | 46.98 | 127.79 | 124.37 | 41.21 |
| | 60 | 55.31 | 141.86 | 131.84 | 39.12 | | 60 | 35.51 | 132.93 | 106.35 | 40.34 |
| | 80 | 49.09 | 133.39 | 121.25 | 38.27 | | 80 | 44.40 | 131.16 | 107.20 | 42.14 |
| | 100 | 43.59 | 136.04 | 111.14 | 35.52 | | 100 | 40.61 | 131.17 | 96.58 | 38.25 |
| 5号采样点/cm | 0 | 40.40 | 118.34 | 101.36 | 40.37 | 11号采样点/cm | 0 | 62.31 | 126.70 | 102.07 | 44.02 |
| | 20 | 41.55 | 125.77 | 108.23 | 44.76 | | 20 | 68.00 | 126.44 | 115.33 | 45.16 |
| | 40 | 45.97 | 140.73 | 128.25 | 38.38 | | 40 | 63.01 | 127.79 | 124.26 | 40.66 |
| | 60 | 39.30 | 141.33 | 110.34 | 36.34 | | 60 | 53.01 | 132.93 | 106.22 | 40.21 |
| | 80 | 35.80 | 138.21 | 105.38 | 32.18 | | 80 | 50.85 | 131.16 | 104.30 | 39.47 |
| | 100 | 36.76 | 135.32 | 94.98 | 30.34 | | 100 | 45.63 | 131.17 | 98.27 | 35.69 |
| 6号采样点/cm | 0 | 49.37 | 136.56 | 107.31 | 40.56 | 12号采样点/cm | 0 | 39.80 | 122.76 | 100.24 | 45.98 |
| | 20 | 48.18 | 136.99 | 111.54 | 34.95 | | 20 | 48.40 | 123.56 | 112.89 | 43.29 |
| | 40 | 53.17 | 139.29 | 114.05 | 43.42 | | 40 | 43.90 | 130.54 | 120.38 | 39.24 |
| | 60 | 37.28 | 122.07 | 91.17 | 32.22 | | 60 | 38.70 | 131.25 | 105.42 | 40.15 |
| | 80 | 39.26 | 120.81 | 100.86 | 30.41 | | 80 | 48.33 | 128.22 | 104.28 | 36.24 |
| | 100 | 43.39 | 135.43 | 98.33 | 37.08 | | 100 | 35.64 | 122.45 | 98.28 | 32.90 |

表 4.13 重金属全量与标准对比 mg/kg

| 级别元素 | | Cu | Cr | Zn | Pb |
|---|---|---|---|---|---|
| 土壤中含量 | 最小值 | 32.29 | 118.34 | 96.58 | 30.34 |
| | 最大值 | 68.00 | 148.78 | 132.84 | 48.25 |
| | 平均值 | 47.16 | 132.12 | 109.59 | 39.37 |

续表

| 级别元素 | | Cu | Cr | Zn | Pb |
|---|---|---|---|---|---|
| 土壤环境质量标准（pH<6.5） | 一级（≤） | 35 | 90 | 100 | 35 |
| | 二级（≤） | 50 | 250 | 200 | 250 |
| | 三级（≤） | 400 | 400 | 500 | 500 |
| 江西土壤背景值 | | 20.3 | 45.9 | 69.4 | 32.2 |

土壤环境质量标准引自国家土壤质量标准（GB 15618—1995）

一级标准为保护区域自然生态，维持自然背景的土壤环境质量限值；二级标准为保护农业生产，维护人体健康的土壤限制值；三级标准为保障农林业生产和植物正常生长的土壤临界值。

从表 4.13 中得到，Cu 的含量范围为 32.29～68.00 mg/kg，平均值为 47.16 mg/kg；Cr 的含量范围为 118.34～148.78 mg/kg，平均值为 132.12 mg/kg；Zn 的含量范围为 96.58～132.84 mg/kg，平均值为 109.59 mg/kg；Pb 的含量范围为 30.34～48.25 mg/kg，平均值为 39.37 mg/kg。由国家土壤环境质量标准可以得出：尾矿库下游稻田土壤中 Cr、Zn 和 Pb 平均值均属于国家 Ⅱ 级土壤标准范围，Cu 含量大都属 Ⅱ 级标准，局部达到 Ⅲ 级标准范围。同时与江西省土壤元素背景值进行对比可以得出：土壤中重金属元素 Cu、Cr、Zn 和 Pb 均已经超过了土壤背景值，表明尾矿库下游稻田土壤受到了一定程度的重金属污染。

## 4.3.2　土壤中重金属元素空间分布特征

以 Cr 和 Pb 为例，对研究区剖面进行研究，得出研究区土壤中重金属空间分布特征。

（1）重金属 Cr 横向空间分布特征

重金属 Cr 在研究区土壤横向空间分布如图 4.22 所示，重金属元素 Cr 含量横向上由南至北同一采样点深度上面无明显的变化趋势，随着采样点深度的增加，在土壤深度为 40～60 cm 处重金属 Cr 在土壤中的含量出现一个最大值，主要由于土壤的吸附和截留作用使得随着深度的增加重金属含量也会增加，同时由于人类耕作，土壤表层孔隙率较大，在雨水淋滤作用下，表层土壤中的重金属 Cr 会随着雨水向下迁移，因此造成了在 40～60 cm 处呈现一个最大值。

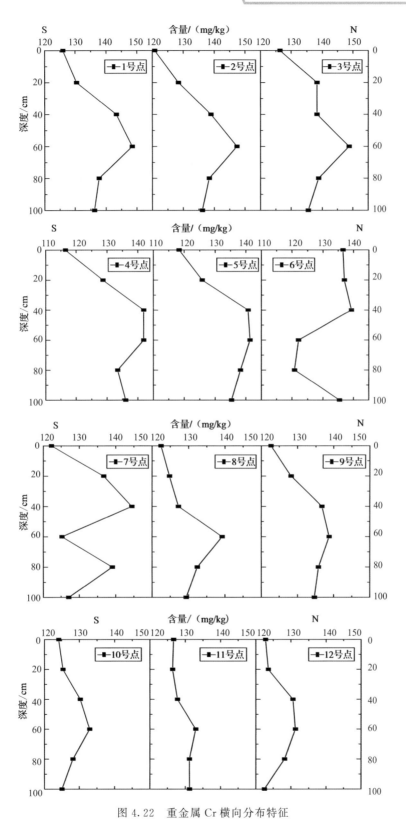

图 4.22　重金属 Cr 横向分布特征

（2）重金属 Pb 横向剖面空间分布特征

重金属 Pb 横向剖面空间分布如图 4.23 所示。重金属元素 Pb 含量横向上由南至北同一采样点深度上面无明显的变化趋势。同时随着采样点深度的增加，土壤中重金属 Pb 含量总体呈现逐渐减小的趋势，可能由于重金属 Pb 比较稳定，只受到土壤的吸附和过滤作用的影响。

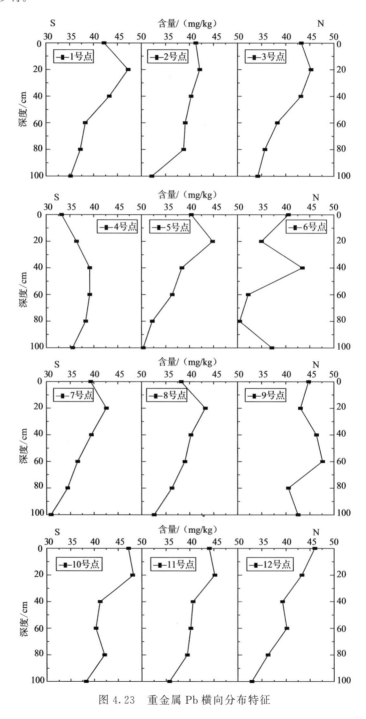

图 4.23　重金属 Pb 横向分布特征

（3）重金属 Cr 纵向空间分布特征

土壤中 Cr 纵向空间分布如图 4.24 所示，由图 4.24 可以得出，重金属 Cr 的含量随着采样点距离尾矿库的增大而减少，尾矿库中富含重金属的污水通过渗滤作用污染土壤，废水中的 Cr 主要是以三价的形式进入土壤中，被土壤固定；随着距离的增大，由于土壤的吸附作用，含量会逐渐地减少。同时可以得出：表层土壤和深度为 20～60 cm 土壤处 Cr 含量较高，可能由于人类耕作，使得上下土壤相互作用造成的。

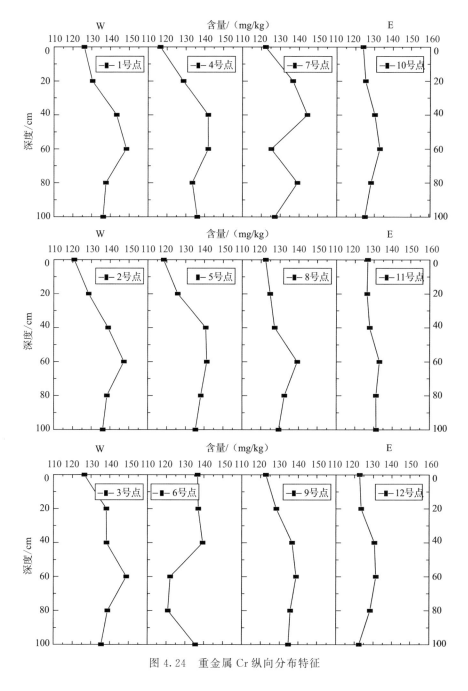

图 4.24　重金属 Cr 纵向分布特征

（4）重金属 Pb 纵向空间分布特征

研究区土壤中 Pb 纵向空间分布如图 4.25 所示，重金属 Pb 纵向变化范围不是很大，但是随着采样点深度的增加，土壤中重金属 Pb 存在一个逐渐减少的趋势，而不是像前几种重金属元素存在一个先增加后减少的趋势，主要由于在土壤环境中，重金属元素 Pb 比较稳定，受到人类活动的影响较小，最大的影响是土壤对重金属 Pb 的吸附和截留作用，因此可以得出：重金属 Pb 随着采样点深度的增加呈现一个逐渐减少的趋势。

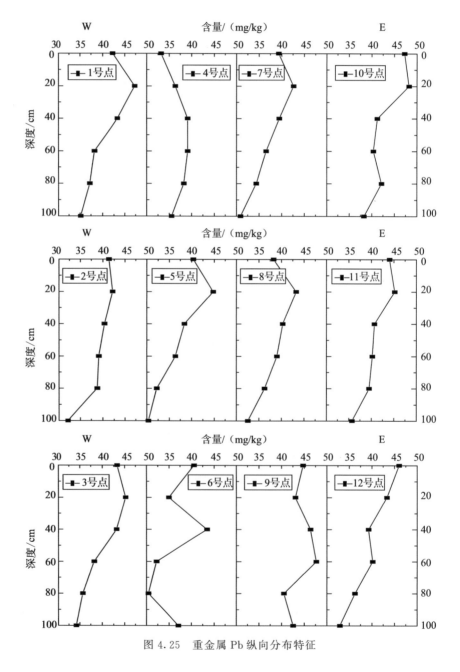

图 4.25　重金属 Pb 纵向分布特征

### 4.3.3 土壤中重金属形态分布研究

采用改进的 BCR 法对尾矿库下游稻田中的重金属的形态分布进行研究，可以进一步了解土壤中易于迁移重金属含量和分布特征。

（1）土壤中重金属形态分配特征

1）Cr 形态

稻田土壤中重金属元素 Cr 酸可提取态、可还原态、可氧化态以及残渣态分别占重金属元素 Cr 全量的百分比范围为 $1.53\%\sim10.48\%$、$6.90\%\sim13.51\%$、$0.29\%\sim12.24\%$ 和 $71.08\%\sim87.87\%$，平均值分别为 $3.95\%$、$10.13\%$、$4.38\%$ 和 $81.54\%$。如图 4.26 所示。

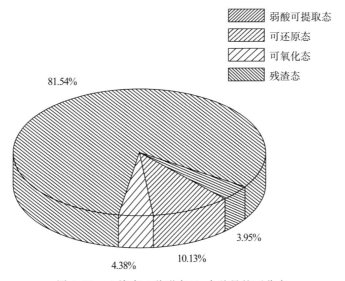

图 4.26  土壤中 4 种形态 Cr 占总量的百分率

由图 4.26 可以得出，尾矿库下游稻田土壤中重金属 Cr 主要以残渣态和可还原态为主，这两种形态的和占全量的 90% 以上，弱酸可提取态 Cr 含量较低，表示土壤中重金属 Cr 的可移动性较低。土壤中可氧化态 Cr 均大于弱酸可提取态 Cr，这表明有机质和碳酸盐虽然都能富集 Cr，但有机质的富集能力大于碳酸盐的富集能力。同时土壤中的可还原态 Cr 含量相对较高，一般认为，Cr 可以与铁盐生成混合物或者共沉淀，此外 Cr 的化合物还可以被包裹在水合铁锰氧化物中，因而提取时含量较高。尽管可还原态部分的重金属比弱酸可提取态的重金属稳定，但是也不能完全保证它们的无危害性，它们依然是具有潜在危险，而且不稳定，特别是在还原条件下，使得氧化物被分解而进入环境中，对生物造成毒害，对土壤质量造成严重的影响[13]。试验结果表明对于尾矿库下游稻田土壤中重金属 Cr 的存在形态为：残渣态＞可还原态＞可氧化态＞弱酸可提取态。

2）Pb 形态

稻田土壤中重金属元素 Pb 酸可提取态、可还原态、可氧化态以及残渣态分别占重金属元素 Pb 全量的百分比范围为 0.50%～24.57%、1.21%～31.95%、0.94%～24.71%和 43.54%～90.49%，平均值分别为 9.60%、17.83%、4.84%和 67.73%，如图 4.27 所示。

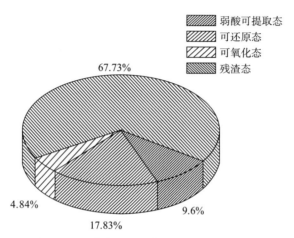

图 4.27　土壤中 4 种形态 Pb 占总量的百分率

由图 4.27 可以得出尾矿库下游稻田土壤中重金属主要以残渣态和可还原态为主，由于尾矿库下游稻田土壤中重金属 Pb 主要以残渣态和可还原态为主，因此对健康的危害并不是很大，但是要防止在一定的条件下，可还原态被还原，导致部分重金属游离出来，对环境造成一定的危害。因此对于尾矿库下游的土壤中重金属 Pb 的存在形态为：残渣态＞弱可还原态＞弱酸可提取态＞可氧化态。

（2）重金属形态分布特征研究

对于尾矿库下游稻田土壤，选取采样点 2、5、8 和 11 四个采样点不同深度的土壤样品中重金属不同形态的含量进行研究，得出重金属不同形态在土壤中不同深度的分布特征。

1）Cr 形态分布特征

重金属 Cr 形态在土壤中分布如图 4.28 所示，对于重金属 Cr 在采样点 2、5、8 和 11 号采样点处，不同存在形态的重金属 Cr 分布特征为：弱酸可提取态的 Cr 在土壤中随着采样点深度的增加，总体上变化不大，基本处于平稳的状态，可还原态 Cr 在土壤中随着采样点深度的增加，总体上呈现一个逐渐减少的趋势，而可氧化态的 Cr 在土壤中随着采样点深度的增加，总体上呈现一个逐渐增加的趋势，残渣态的 Cr 在浅层土壤中先增加，然后下降，在土壤深度为 40～60 cm 处土壤中残渣态 Cr 含量最高。

2）Pb 形态分布特征

Pb 形态分布特征如图 4.29 所示，对于重金属 Pb 在采样点 2、5、8 和 11 号采样点处，不同存在形态的重金属 Pb 分布特征为：弱酸可提取态和可还原态的 Pb 在土壤中随着采样点深度的增加，含量变化不大，基本处于一个稳定的状态，可还原态 Pb，随

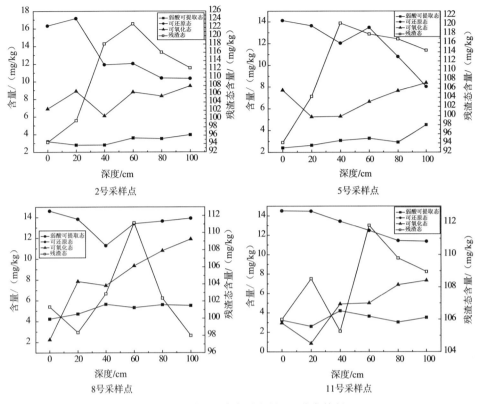

图 4.28　稻田土壤中重金属 Cu 分布特征

着采样点深度的增加，总体上呈现一个减小的趋势，而可氧化态的 Pb 在土壤中随着采样点深度的增加，总体上呈现一个逐渐增加的趋势，残渣态的 Pb 在浅层土壤中先增加，然后下降，在土壤深度为 40～60 cm 处土壤中残渣态 Pb 含量最大。

## 4.4　土壤中放射性核素和重金属的相关性

亲和力强或者赋存形态相似的元素可以表现出较好的相关性，对研究区土壤中的重金属元素和放射性核素之间的相关性进行探讨，有助于研究土壤中污染元素是否存在复合污染，有助于了解重金属和放射性核素的迁移转化特征，为防治土壤重金属和核素的复合污染提供依据。选取研究区土壤中 2、4、5、6 和 8 号采样点在不同采样深度（0、40、100 cm）处重金属 Cu、Cr、Zn 和 Pb 以及放射性核素运用 Pearson 相关系数分析两两之间的相关性，相关性分析结果如表 4.14 所示。

Pearson 相关系数是用来衡量两个数据集合是否在一条线上面，它是用来衡量定距变量间的线性关系。现今这样方法用于土壤中污染元素之间的相关性研究较多，土壤中污染元素含量之间呈线性关系时，表示这两个变量之间相关程度用积差相关系数，其中主要的就是 Pearson 相关系数。

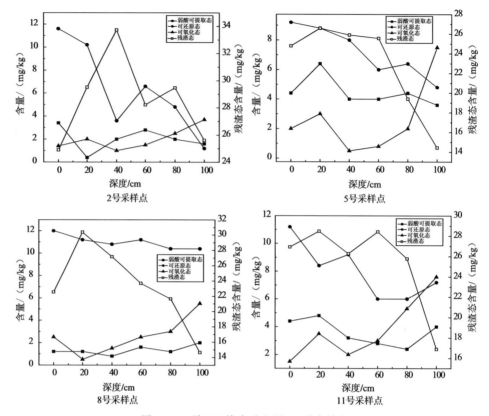

图 4.29 稻田土壤中重金属 Pb 分布特征

表 4.14 稻田土壤中重金属和放射性核素相关性分析（Pearson 相关系数）

| 元素 | $^{238}U$ | $^{226}Ra$ | $^{232}Th$ | $^{40}K$ | Cu | Cr | Zn | Pb |
|---|---|---|---|---|---|---|---|---|
| $^{238}U$ | 1 | | | | | | | |
| $^{226}Ra$ | a | 1 | | | | | | |
| $^{232}Th$ | 0.778** | a | 1 | | | | | |
| $^{40}K$ | 0.494 | a | 0.159 | 1 | | | | |
| Cu | 0.117 | a | 0.092 | 0.182 | 1 | | | |
| Cr | 0.168 | a | 0.065 | 0.289 | 0.615* | 1 | | |
| Zn | 0.128 | a | 0.127 | 0.107 | 0.758** | 0.581* | 1 | |
| Pb | 0.079 | a | 0.288 | 0.369 | 0.692** | 0.050 | 0.495 | 1 |

注：a 因为至少有一个变量为常量，所以无法进行计算。

** 在 0.01 水平（双侧）上显著相关。

* 在 0.05 水平（双侧）上显著相关。

由表 4.14 可知，尾矿库下游稻田土壤中放射性核素 <sup>238</sup>U 和放射性核素 <sup>232</sup>Th 在土壤中存在显著相关性，而与其他的放射性核素和重金属元素的相关性较差，均未达到显著水平。土壤中的重金属元素 Cu-Cr、Cu-Zn、Cu-Pb 以及 Cr-Zn 存在显著相关性，其他的元素之间相关性也较差，未达到显著水平。因此可以得出，放射性核素 <sup>238</sup>U 和放射性核素 <sup>232</sup>Th 在土壤中可能存在同源性和复合污染，而重金属 Cu、Cr、Zn 和 Pb 存在一定的相关性，表明可能存在同源性和复合污染。

## 4.5　研究区土壤环境风险评估

放射性核素在土壤中的积累直接影响土壤的理化性质和微生物活性，降低养分的有效吸收率和土壤微生物的生物量，且其可从土壤迁移到地下水系统，影响生态环境和粮食安全。因此对稻田土壤放射性污染进行评价具有重大意义。将通过单因子污染指数法和辐射环境的健康危害评价方法对尾矿库下游稻田土壤中放射性核素铀进行污染程度和健康风险评价。

### 4.5.1　土壤环境放射性污染评价

（1）评价方法

本章通过单因子指数法评价研究区稻田土壤铀污染。该方法是目前国内应用较多的一种方法。其数学模型如下：

单因子指数法：

$$P_i = \frac{C_i}{S_i} \tag{4.11}$$

式中，$P_i$ 为单因子指数，无量纲；$C_i$ 为核素的实测值，Bq/kg；$S_i$ 为核素的标准限值，Bq/kg；根据江西省土壤放射性核素背景值[14]，核素 <sup>238</sup>U 的背景值分别为 55.9 Bq/kg。

根据式（4.11）计算得出的单因子指数 $P$，按照表 4.15 将研究区核素铀的污染程度进行分级。

（2）评价结果

应用高纯锗伽马能谱仪检测野外采集的土壤表层样品，检测结果及评价结果如表 4.15，表 4.16 所示。

表 4.15 土壤综合污染指数评价标准

| 等级 | 综合污染指数 | 污染程度 |
|---|---|---|
| I | $P \leqslant 1$ | 无污染 |
| II | $1 < P \leqslant 2$ | 轻微污染 |
| III | $2.0 < P \leqslant 3.0$ | 轻度污染 |
| IV | $3.0 < P \leqslant 5.0$ | 中度污染 |
| V | $P > 5.0$ | 重度污染 |

表 4.16 稻田土壤综合污染指数评价结果

| 编号 | 土壤核素比活度/ (Bq/kg) | 单因子污染指数 | | 污染程度 | |
|---|---|---|---|---|---|
| | | 各采样点 | 区域平均值 | 各采样点 | 区域 |
| 1-1 | 156.1 | 2.79 | | 轻度污染 | |
| 2-1 | 135.4 | 2.42 | | 轻度污染 | |
| 3-1 | 7.1 | 0.13 | | 无污染 | |
| 4-1 | 163.8 | 2.93 | 1.41 | 轻度污染 | 轻微污染 |
| 5-1 | 77.9 | 1.39 | | 轻微污染 | |
| 6-1 | 33.4 | 0.60 | | 无污染 | |
| 7-1 | 40.2 | 0.72 | | 无污染 | |
| 8-1 | 16.4 | 0.29 | | 无污染 | |

当单因子污染指数小于 1，表明研究区未受到该核素的污染；当单因子污染指数大于 5，表明研究区受到该核素的重度污染[15-16]。从表 4.16 可知，单因子污染指数介于 0.13～2.93，其中单因子污染指数小于 1 的有 4 个采样点，占总数的 50%。研究区污染程度属于轻微污染，说明研究区稻田土壤受到核素铀的轻度污染。

## 4.5.2 土壤环境辐射风险评估

应用 USEPA 推荐的健康风险评价模型以及辐射环境的健康危害评价方法，评价尾矿库下游稻田土壤中放射性核素 $^{238}U$ 对人体的健康风险。

（1）评价方法

土壤中放射性核素主要通过 3 种途径进入人体[17]：一是食入，通过农作物富集，通过饮食的方式进入体内，如食用经污染的土壤种植的水稻；二是呼吸接触，通过呼吸摄入空气中污染的土壤飞尘；三是皮肤接触，人体皮肤接触污染的土壤而摄入土壤中的污染物。其中，前两种途径导致人体的危害远远大于第三种途径，因此，本文仅研究食入和呼吸接触途径所致的健康风险。

根据 USEPA 提出的健康风险评价计算公式分别进行食入摄入途径、呼吸摄入途径两种暴露量的计算[18-20]，公式如下：

1）食入途径暴露量计算公式：

$$\mathrm{CDI}_i = \frac{C \times \mathrm{IR} \times \mathrm{CF} \times \mathrm{FI} \times \mathrm{EF} \times \mathrm{ED}}{\mathrm{BW} \times \mathrm{AT}} \tag{4.12}$$

其中，$\mathrm{CDI}_i$ 为食入途径长期日摄入剂量，Bq/（kg·d）；$C$ 为土壤中放射性核素的比活度，Bq/kg；IR 为摄入土壤速率，mg/d；CF 为转换因子，kg/mg；FI 为摄取分数（范围 0.0～1.0），无量纲；EF 为暴露频率，d/a；ED 为暴露持续时间，a；BW 为平均体重，kg；AT 为平均接触时间，d。

2）呼吸途径暴露量计算公式：

$$\mathrm{CDI}_o = \frac{C \times \mathrm{PM}_{10} \times \mathrm{DAIR} \times \mathrm{PIAF} \times \mathrm{FSPO} \times \mathrm{CF} \times \mathrm{EF} \times \mathrm{ED}}{\mathrm{BW} \times \mathrm{AT}} \tag{4.13}$$

其中，$\mathrm{CDI}_o$ 为呼吸途径长期日摄入剂量，Bq/（kg·d）；$\mathrm{PM}_{10}$ 为空气中可吸入颗粒物含量，mg/m³；DAIR 为成人每日空气呼吸量，m³/d；PIAF 为吸入土壤颗粒物在体内滞留比例，无量纲；FSPO 为空气中来自土壤的颗粒物所占比例，无量纲。其余同式 4.12。

根据潘自强提出的辐射环境的健康危害评价方法评价土壤中核素铀对人体造成的内照射和外照射辐射水平及前人的研究成果[21-22]，公式如下：

$$\mathrm{Risk} = \mathrm{CDI} \times \sum W_\mathrm{T} \times h_i \tag{4.14}$$

其中，CDI 为长期日摄入剂量，Bq/（kg·d）；$\sum W_\mathrm{T}$ 为某组织或器官的权重因子，全身权重因子取 1；$h_i$ 为土壤中核素所致内照射或外照射剂量转换因子，Sv/Bq；Risk 为每天每千克体重对人体造成的内照射水平，Sv/（kg·d），本研究计算公众成员（60 kg）的个人年有效剂量。

（2）评价参数的选择

根据美国环境保护署暴露因子手册及 Superfund 风险评价导则内容，结合前人研究资料[23-28]，确定了暴露评价参数，如表 4.17 所示。

表 4.17　健康风险评价暴露参数

| 参数符号 | 暴露参数 | 参数值 | 参数来源 |
| --- | --- | --- | --- |
| $C$ /（Bq/kg） | 土壤中放射性核素比活度 | 实际测量 | 实际测量 |
| IR/（mg/d） | 土壤经口摄入量 | 100 | USEPA |
| CF/（$10^{-6}$ kg/mg） | 土壤经口转换因子 | $10^{-6}$ | USEPA |
| FI | 被摄入污染源比例 | 1 | 参考文献[28] |
| EF/（d/a） | 年暴露频率 | 365 | USEPA |

| 参数符号 | 暴露参数 | 参数值 | 参数来源 |
|---|---|---|---|
| ED/a | 暴露持续时间 | 30 | USEPA |
| BW/kg | 体重 | 60 | 参考文献[28] |
| AT/d | 平均接触时间 | 25 550 | USEPA |
| $PM_{10}$/（mg/cm³） | 空气中可吸入颗粒物含量 | 0.3 | USEPA |
| DAIR/（m³/d） | 成人日呼吸量 | 15 | USEPA |
| PIAF | 吸入土壤颗粒物在体内滞留比 | 0.75 | USEPA |
| FSPO | 空气中来自土壤颗粒物所占空气比 | 0.5 | USEPA |

根据《环境危害评价》一书确定放射性核素$^{238}$U的食入所致剂量转换因子和吸入所致剂量转换因子分别为$3.2\times10^{-5}$ Sv/Bq 和 $6.3\times10^{-8}$ Sv/Bq[29]。

（3）评价结果

根据稻田土壤放射性核素比活度表4.12、公式（4.12）、式（4.13）、式（4.14）以及表4.17的评价参数，计算所得评价结果如表4.18所示。

表 4.18 不同暴露途径的人体健康风险指数

| 各采样点编号 | 食入的长期日摄入量/Bq/（kg·d） | 吸入的长期日摄入量/Bq/（kg·d） | 食入的照射水平/mSv | 吸入的照射水平/mSv | 合计/mSv |
|---|---|---|---|---|---|
| 1-1 | $1.11\times10^{-4}$ | $1.88\times10^{-6}$ | $9.12\times10^{-2}$ | $3.03\times10^{-6}$ | $9.12\times10^{-2}$ |
| 2-1 | $9.67\times10^{-5}$ | $1.63\times10^{-6}$ | $7.91\times10^{-2}$ | $2.63\times10^{-6}$ | $7.91\times10^{-2}$ |
| 3-1 | $5.08\times10^{-6}$ | $8.57\times10^{-8}$ | $4.15\times10^{-3}$ | $1.38\times10^{-7}$ | $4.15\times10^{-3}$ |
| 4-1 | $1.17\times10^{-4}$ | $1.97\times10^{-6}$ | $9.57\times10^{-2}$ | $3.18\times10^{-6}$ | $9.57\times10^{-2}$ |
| 5-1 | $5.56\times10^{-6}$ | $9.39\times10^{-7}$ | $4.55\times10^{-2}$ | $1.51\times10^{-6}$ | $4.55\times10^{-2}$ |
| 6-1 | $2.38\times10^{-5}$ | $4.02\times10^{-7}$ | $1.95\times10^{-2}$ | $6.48\times10^{-7}$ | $1.95\times10^{-2}$ |
| 7-1 | $2.87\times10^{-5}$ | $4.84\times10^{-7}$ | $2.35\times10^{-2}$ | $7.80\times10^{-7}$ | $2.35\times10^{-2}$ |
| 8-1 | $1.17\times10^{-5}$ | $1.97\times10^{-7}$ | $9.57\times10^{-3}$ | $3.18\times10^{-7}$ | $9.57\times10^{-3}$ |
| 平均 | $5.63\times10^{-5}$ | $9.50\times10^{-7}$ | $4.60\times10^{-2}$ | $1.53\times10^{-6}$ | $4.60\times10^{-2}$ |

由表4.18可知：食入$^{238}$U导致人体受到的照射水平明显高于吸入$^{238}$U导致人体受到的照射水平。人体受到研究区土壤核素铀的总辐射量在$4.15\times10^{-3}\sim9.57\times10^{-2}$ mSv间，人体受到研究区土壤核素铀的平均值为$4.60\times10^{-2}$ mSv。总辐射量最高点为采样点4-1，为$9.47\times10^{-2}$ mSv。根据我国铀矿冶辐射环境质量评价规定的公众成员的年有效剂量当量不应超过1 mSv[30]。研究区各采样点最高值低于我国铀矿冶辐射环境质量评

价规定的推荐值，表明研究区土壤中铀含量不会对人体产生健康风险。有研究表明[31]，研究区受到污染较轻时，其对人体应该不会产生健康风险。本研究区受到核素铀的轻微污染，验证研究区土壤中铀应该不会对人体产生健康风险，与健康风险评价结果一致，表明 USEPA 的健康风险评价模型可结合辐射环境的健康风险评价方法使用。

## 4.5.3　土壤中重金属生态风险评估

（1）T-N 法简介

采用 TCLP 测定土壤中重金属含量，得出铀矿山附近稻田中可生物利用性重金属的分布特征。TCLP 是以醋酸缓冲溶液为提取剂，模拟废弃物在填埋场中受到渗滤液影响，其中有毒有害物质浸出的过程。并采用美国最新的法定重金属污染评价方法 T-N 法（运用内梅罗综合指数法对 TCLP 提取的有效态重金属含量进行评估）对土壤重金属污染状况进行评价。本文运用 T-N 法评价更加能直观地评价土壤中重金属对人体危害的风险程度，能克服对土壤中重金属全量的评价不足，真实反映土壤中对于人体危害最大的迁移态的重金属组分。

T-N 法为运用内梅罗指数法对 TCLP 提取出来的有效态重金属含量进行评价的方法。土壤通常情况下是受到多种不同的污染物污染，因此有时很难靠对一种污染物的污染情况来评价土壤污染程度，因此国内外普遍采用内梅罗（Nemerom）综合污染指数法来评价土壤的重金属污染情况[32]。

计算公式为：$P = \{[(C_i/S_i)^2_{\max} + (C_i/S_i)^2_{\text{ave}}]/2\}^{1/2}$ 。　　　　　　　　　(4.15)

式中，$(C_i/S_i)_{\max}$ 为污染土壤中污染指数的最大值；$(C_i/S_i)_{\text{ave}}$ 为污染土壤中污染指数的平均值；$C_i$ 为重金属 TCLP 提取态金属元素的实测值；$S_i$ 为 TCLP 提取态重金属元素的国际标准值。

综合污染指数（$P$）越大表示土壤受到的污染越严重[33]。本研究是参考中国绿色食品产地环境质量评价标准来对土壤重金属污染状况进行评价[34]，如表 4.19 所示。

表 4.19　土壤综合污染指数分级表

| 污染等级 | 污染指数 | 污染等级 | 污染水平 |
|---|---|---|---|
| Ⅰ | $P \leqslant 0.7$ | 安全 | 清洁 |
| Ⅱ | $0.7 < P \leqslant 1$ | 警戒级 | 尚清洁 |
| Ⅲ | $1 < P \leqslant 2$ | 轻污染 | 土壤轻污染作物开始受到污染 |
| Ⅳ | $2 < P \leqslant 3$ | 中污染 | 土壤作物均受中度污染 |
| Ⅴ | $P > 3$ | 重污染 | 土壤作物均受污染已相当严重 |

（2）土壤中 TCLP 提取重金属含量

TCLP 提取土壤中重金属 Cu、Cr、Zn 和 Pb 含量如表 4.20 所示，TCLP 提取重金属 Cu、Cr、Zn 和 Pb 含量分别在 6.35～28.29、12.27～25.32、18.54～30.46 和 3.00～5.19 mg/kg 之间。其平均值分别为 16.36、18.92、22.72 和 3.99 mg/kg。TCLP 法提取土壤中 Cu、Cr、Zn 和 Pb 有效态含量分别占其土壤元素总量的比例分别为 13.10%～45.4%、10.02%～17.18%、17.5%～25.79%和 7.77%～13.28%之间，各元素有效态占总含量的比例的平均值分别为 34.69%、14.29%、20.75%和 10.13%。TCLP 法对重金属 Cu 的提取比例相比于其他的 3 种重金属元素较高，这可能是由于土壤对不同重金属的吸附差异性造成的。

**表 4.20　稻田土壤中有效态重金属含量**

| 采样点含量/<br>(mg/kg)<br>元素 | 有效<br>态 Cu | 有效<br>态 Cr | 有效<br>态 Zn | 有效<br>态 Pb | 采样点含量/<br>(mg/kg)<br>元素 | 有效<br>态 Cu | 有效<br>态 Cr | 有效<br>态 Zn | 有效<br>态 Pb |
|---|---|---|---|---|---|---|---|---|---|
| | 0 | 15.36 | 14.51 | 19.76 | 4.26 | 0 | 17.25 | 17.55 | 21.05 | 4.12 |
| | 20 | 10.89 | 16.16 | 21.23 | 5.19 | 20 | 19.13 | 19.93 | 22.48 | 4.43 |
| 1 号采样 | 40 | 17.48 | 22.36 | 23.07 | 4.26 | 7 号采样 | 40 | 19.38 | 19.87 | 25.41 | 4.00 |
| 点/cm | 60 | 15.37 | 25.32 | 23.23 | 4.74 | 点/cm | 60 | 17.23 | 18.88 | 20.70 | 3.97 |
| | 80 | 15.46 | 16.58 | 21.83 | 3.30 | 80 | 15.75 | 20.35 | 21.68 | 3.64 |
| | 100 | 7.58 | 17.49 | 21.13 | 4.12 | 100 | 13.59 | 18.01 | 22.52 | 3.01 |
| | 0 | 14.62 | 17.87 | 20.67 | 4.67 | 0 | 13.28 | 15.42 | 22.26 | 3.76 |
| | 20 | 16.67 | 14.55 | 21.23 | 5.17 | 20 | 17.35 | 18.22 | 22.37 | 4.13 |
| 2 号采样 | 40 | 18.36 | 23.87 | 27.67 | 4.12 | 8 号采样 | 40 | 19.48 | 18.26 | 25.07 | 3.90 |
| 点/cm | 60 | 15.40 | 21.81 | 22.83 | 4.87 | 点/cm | 60 | 13.76 | 22.29 | 22.10 | 3.60 |
| | 80 | 15.53 | 20.88 | 21.06 | 3.69 | 80 | 12.29 | 19.68 | 21.47 | 3.29 |
| | 100 | 15.52 | 19.17 | 18.54 | 3.17 | 100 | 13.46 | 18.96 | 20.90 | 3.17 |
| | 0 | 13.30 | 18.85 | 19.29 | 4.37 | 0 | 19.58 | 17.22 | 22.92 | 4.12 |
| | 20 | 17.58 | 20.87 | 23.31 | 4.58 | 20 | 24.38 | 18.58 | 24.48 | 4.31 |
| 3 号采样 | 40 | 23.46 | 20.71 | 27.38 | 4.38 | 9 号采样 | 40 | 26.28 | 22.89 | 26.82 | 4.63 |
| 点/cm | 60 | 20.36 | 21.97 | 24.50 | 3.86 | 点/cm | 60 | 26.29 | 20.79 | 21.43 | 4.89 |
| | 80 | 15.46 | 20.09 | 22.76 | 3.50 | 80 | 20.38 | 16.67 | 22.95 | 3.98 |
| | 100 | 6.35 | 19.64 | 22.89 | 3.47 | 100 | 20.49 | 16.93 | 21.21 | 4.23 |

续表

| 采样点含量/(mg/kg) 元素 | 有效态 Cu | 有效态 Cr | 有效态 Zn | 有效态 Pb | 采样点含量/(mg/kg) 元素 | 有效态 Cu | 有效态 Cr | 有效态 Zn | 有效态 Pb |
|---|---|---|---|---|---|---|---|---|---|
| 4 号采样点/cm | | | | | 10 号采样点/cm | | | | |
| 0 | 13.06 | 16.68 | 20.26 | 3.32 | 0 | 11.39 | 17.91 | 20.47 | 4.87 |
| 20 | 17.66 | 18.96 | 24.88 | 3.91 | 20 | 15.39 | 18.94 | 19.99 | 5.08 |
| 40 | 23.35 | 18.51 | 30.46 | 4.01 | 40 | 17.19 | 18.25 | 25.91 | 4.28 |
| 60 | 23.53 | 20.51 | 27.46 | 4.05 | 60 | 11.38 | 19.43 | 22.15 | 4.08 |
| 80 | 15.18 | 19.71 | 25.26 | 3.98 | 80 | 17.28 | 19.39 | 22.33 | 4.37 |
| 100 | 11.61 | 19.55 | 23.15 | 3.58 | 100 | 13.34 | 19.62 | 20.12 | 3.86 |
| 5 号采样点/cm | | | | | 11 号采样点/cm | | | | |
| 0 | 11.05 | 17.12 | 20.11 | 4.01 | 0 | 26.13 | 18.97 | 21.26 | 4.51 |
| 20 | 15.75 | 18.41 | 22.54 | 3.48 | 20 | 28.29 | 20.94 | 24.02 | 4.61 |
| 40 | 17.95 | 18.13 | 26.71 | 3.76 | 40 | 21.68 | 18.25 | 25.88 | 4.19 |
| 60 | 11.55 | 20.22 | 22.98 | 3.28 | 60 | 19.11 | 19.43 | 21.12 | 4.01 |
| 80 | 10.55 | 20.87 | 21.95 | 3.01 | 80 | 19.18 | 17.09 | 21.72 | 3.87 |
| 100 | 10.55 | 19.85 | 19.78 | 3.00 | 100 | 17.26 | 16.32 | 20.47 | 3.87 |
| 6 号采样点/cm | | | | | 12 号采样点/cm | | | | |
| 0 | 19.15 | 19.61 | 22.35 | 4.01 | 0 | 10.17 | 16.61 | 20.88 | 4.11 |
| 20 | 17.38 | 19.58 | 23.23 | 3.49 | 20 | 15.26 | 17.16 | 23.51 | 4.11 |
| 40 | 21.13 | 22.91 | 23.76 | 4.98 | 40 | 14.39 | 19.01 | 25.07 | 3.29 |
| 60 | 10.44 | 17.61 | 18.95 | 4.28 | 60 | 11.67 | 20.48 | 26.96 | 3.97 |
| 80 | 13.77 | 17.39 | 26.01 | 3.15 | 80 | 15.18 | 14.22 | 20.72 | 3.03 |
| 100 | 15.42 | 19.41 | 20.48 | 3.78 | 100 | 10.28 | 12.27 | 20.47 | 3.20 |

图 4.30 为 TCLP 提取重金属元素 Cu、Cr、Zn 和 Pb 有效态含量与全量之间的相关性关系。土壤中重金属元素 Cu、Cr、Zn 和 Pb 有效态含量与全量之间的相关系数分别是 0.880 6、0.668 1、0.814 7 和 0.783 3。因此土壤中重金属元素 Cu、Cr、Zn 和 Pb 有效态含量与全量之间均存在着显著相关性。孙叶芳等人的研究表明土壤中有效态的重金属与全量之间存在显著相关性，这与本试验的结果相一致[28]。

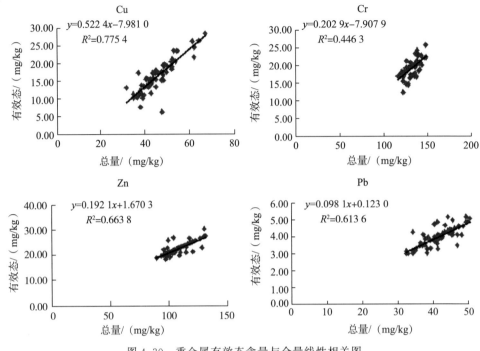

图 4.30　重金属有效态含量与全量线性相关图

（3）评估结果

表 4.21 为尾矿库下游稻田土壤中重金属 TCLP 提取值与国际标准值的比较情况，从表中可以得出，按照国际标准值来评估，尾矿库下游稻田采集的 72 个样品中，重金属 Pb 只有两个采样点处超过了国际标准值，重金属 Zn 有 14 个采样点处超过了国际标准值，重金属 Cr 有 18 个样品超过了国际标准值，而重金属 Cu 只有 24 个样品没有超过国际标准值，由此得出稻田土壤中主要受重金属 Cu 的污染。

表 4.21　有效态重金属与标准对比

| 土样号 | | Cu/<br>（mg/kg） | Cr/<br>（mg/kg） | Zn/<br>（mg/kg） | Pb/<br>（mg/kg） | 内梅罗<br>综合指数 | 污染等级 |
| --- | --- | --- | --- | --- | --- | --- | --- |
| 1号采<br>样点/cm | 0 | ＞15 | ＜20 | ＜25 | ＜5 | 0.94 | Ⅱ |
| | 20 | ＜15 | ＜20 | ＜25 | ＞5 | 0.95 | Ⅱ |
| | 40 | ＞15 | ＞20 | ＜25 | ＜5 | 1.09 | Ⅲ |
| | 60 | ＞15 | ＞20 | ＜25 | ＜5 | 1.16 | Ⅲ |
| | 80 | ＞15 | ＜20 | ＜25 | ＜5 | 0.94 | Ⅱ |
| | 100 | ＜15 | ＜20 | ＜25 | ＜5 | 0.82 | Ⅱ |

| 土样号 | | Cu/(mg/kg) | Cr/(mg/kg) | Zn/(mg/kg) | Pb/(mg/kg) | 内梅罗综合指数 | 污染等级 |
|---|---|---|---|---|---|---|---|
| 2号采样点/cm | 0 | <15 | <20 | <25 | <5 | 0.94 | Ⅱ |
| | 20 | >15 | <20 | <25 | >5 | 1.02 | Ⅲ |
| | 40 | >15 | >20 | >25 | <5 | 1.16 | Ⅲ |
| | 60 | >15 | >20 | <25 | <5 | 1.05 | Ⅲ |
| | 80 | >15 | >20 | <25 | <5 | 0.98 | Ⅱ |
| | 100 | >15 | <20 | <25 | <5 | 0.94 | Ⅱ |
| 3号采样点/cm | 0 | <15 | <20 | <25 | <5 | 0.91 | Ⅱ |
| | 20 | >15 | >20 | <25 | <5 | 1.10 | Ⅲ |
| | 40 | >15 | >20 | >25 | <5 | 1.37 | Ⅲ |
| | 60 | >15 | >20 | <25 | <5 | 1.21 | Ⅲ |
| | 80 | >15 | >20 | <25 | <5 | 0.97 | Ⅱ |
| | 100 | <15 | <20 | <25 | <5 | 0.88 | Ⅱ |
| 4号采样点/cm | 0 | <15 | <20 | <25 | <5 | 0.83 | Ⅱ |
| | 20 | >15 | <20 | <25 | <5 | 1.08 | Ⅲ |
| | 40 | >15 | <20 | >25 | <5 | 1.36 | Ⅲ |
| | 60 | >15 | >20 | >25 | <5 | 1.37 | Ⅲ |
| | 80 | >15 | <20 | >25 | <5 | 0.98 | Ⅱ |
| | 100 | <15 | <20 | <25 | <5 | 0.92 | Ⅱ |
| 5号采样点/cm | 0 | <15 | <20 | <25 | <5 | 0.83 | Ⅱ |
| | 20 | >15 | <20 | <25 | <5 | 0.97 | Ⅱ |
| | 40 | >15 | <20 | >25 | <5 | 1.09 | Ⅲ |
| | 60 | <15 | >20 | <25 | <5 | 0.93 | Ⅱ |
| | 80 | <15 | >20 | <25 | <5 | 0.93 | Ⅱ |
| | 100 | <15 | <20 | <25 | <5 | 0.89 | Ⅱ |
| 6号采样点/cm | 0 | >15 | <20 | <25 | <5 | 1.14 | Ⅲ |
| | 20 | >15 | <20 | <25 | <5 | 1.06 | Ⅲ |
| | 40 | >15 | <20 | <25 | <5 | 1.27 | Ⅲ |
| | 60 | <15 | <20 | <25 | <5 | 0.84 | Ⅱ |
| | 80 | <15 | <20 | >25 | <5 | 0.96 | Ⅱ |
| | 100 | >15 | <20 | <25 | <5 | 0.96 | Ⅱ |

| 土样号 | | Cu/<br>(mg/kg) | Cr/<br>(mg/kg) | Zn/<br>(mg/kg) | Pb/<br>(mg/kg) | 内梅罗<br>综合指数 | 污染等级 |
|---|---|---|---|---|---|---|---|
| 7号采<br>样点/cm | 0 | >15 | <20 | <25 | <5 | 1.04 | Ⅲ |
| | 20 | >15 | <20 | <25 | <5 | 1.15 | Ⅲ |
| | 40 | >15 | <20 | >25 | <5 | 1.17 | Ⅲ |
| | 60 | >15 | <20 | <25 | <5 | 1.04 | Ⅲ |
| | 80 | >15 | >20 | <25 | <5 | 0.99 | Ⅱ |
| | 100 | <15 | <20 | <25 | <5 | 0.87 | Ⅱ |
| 8号采<br>样点/cm | 0 | <15 | <20 | <25 | <5 | 0.86 | Ⅱ |
| | 20 | >15 | <20 | <25 | <5 | 1.06 | Ⅲ |
| | 40 | >15 | <20 | >25 | <5 | 1.16 | Ⅲ |
| | 60 | <15 | >20 | <25 | <5 | 1.02 | Ⅲ |
| | 80 | <15 | <20 | <25 | <5 | 0.91 | Ⅱ |
| | 100 | <15 | <20 | <25 | <5 | 0.89 | Ⅱ |
| 9号采<br>样点/cm | 0 | >15 | <20 | <25 | <5 | 1.15 | Ⅲ |
| | 20 | >15 | <20 | <25 | <5 | 1.39 | Ⅲ |
| | 40 | >15 | >20 | >25 | <5 | 1.51 | Ⅲ |
| | 60 | >15 | >20 | <25 | <5 | 1.48 | Ⅲ |
| | 80 | >15 | <20 | <25 | <5 | 1.18 | Ⅲ |
| | 100 | >15 | <20 | <25 | <5 | 1.19 | Ⅲ |
| 10号采<br>样点/cm | 0 | <15 | <20 | <25 | <5 | 0.92 | Ⅲ |
| | 20 | >15 | <20 | <25 | <5 | 0.99 | Ⅲ |
| | 40 | >15 | <20 | >25 | <5 | 1.07 | Ⅲ |
| | 60 | <15 | <20 | <25 | <5 | 0.92 | Ⅱ |
| | 80 | >15 | <20 | <25 | <5 | 1.07 | Ⅲ |
| | 100 | <15 | <20 | <25 | <5 | 0.92 | Ⅱ |
| 11号采<br>样点/cm | 0 | >15 | <20 | <25 | <5 | 1.46 | Ⅲ |
| | 20 | >15 | >20 | <25 | <5 | 1.58 | Ⅲ |
| | 40 | >15 | <20 | >25 | <5 | 1.27 | Ⅲ |
| | 60 | >15 | <20 | <25 | <5 | 1.13 | Ⅲ |
| | 80 | >15 | <20 | <25 | <5 | 1.12 | Ⅲ |
| | 100 | >15 | <20 | <25 | <5 | 1.03 | Ⅲ |

续表

| 土样号 | | Cu/<br>(mg/kg) | Cr/<br>(mg/kg) | Zn/<br>(mg/kg) | Pb/<br>(mg/kg) | 内梅罗<br>综合指数 | 污染等级 |
|---|---|---|---|---|---|---|---|
| 12号采<br>样点/cm | 0 | <15 | <20 | <25 | <5 | 0.81 | Ⅱ |
| | 20 | >15 | <20 | <25 | <5 | 0.96 | Ⅱ |
| | 40 | <15 | <20 | >25 | <5 | 0.95 | Ⅱ |
| | 60 | <15 | >20 | >25 | <5 | 1.00 | Ⅲ |
| | 80 | >15 | <20 | <25 | <5 | 0.91 | Ⅱ |
| | 100 | <15 | <20 | <25 | <5 | 0.76 | Ⅱ |
| 国际标准值 | | — | 15 | 20 | 25 | 5 | — | — |

通过表4.21可以得出研究区土壤中重金属的内梅罗综合污染指数范围在0.76~1.58，平均值为1.05，综合评价等级为Ⅲ级，总体而言，尾矿库下游稻田土壤受到一定的重金属污染。

# 参考文献：

［1］Zhi Dang，C L，Martin J. Haigh. Mobility of heavy metals associated with the natural weathering of coal mine spoils. Environmental Pollution 2001，118：419-426.

［2］蒋经乾，李玲，占凌之，等. 某尾矿库周边水放射性分布特征及其评价［J］. 有色金属（冶炼部分），2015（11）：60-63.

［3］Ewa Szarek-Gwiazda，R. Z. Distribution of Trace Elements in Meromictic Pit Lake. Water，Air，and Soil Pollution 2006，174：181-196.

［4］Hyo-Taek Chon，J. -H. H. Geochemical characteristics of the acid mine drainage in the water system in the vicinity of the Dogye coal mine in Korea. Environmental Geochemistry and Health 2000，22：155-172.

［5］郭伟，赵仁鑫，张君，等. 内蒙古包头铁矿区土壤重金属污染特征及其评价［J］. 环境科学，2011，32（10）：3099-3105.

［6］贺建群，许嘉琳，杨居荣，等. 土壤中有效态Cd、Cu、Zn、Pb提取剂的选择［J］. 农业环境保护，1994（6）：246-251.

［7］刘清，王子健，汤鸿霄. 重金属形态与生物毒性及生物有效性关系的研究进展［J］. 环境科学，1996（1）：89-92.

［8］刘玉荣，党志，尚爱安，等. 几种萃取剂对土壤中重金属生物有效部分的萃取效果［J］. 土壤与环境，2002（3）：245-247.

[9] Tessier A. Sequential extraction procedure for the speciation of particulate, tarce metals [J]. Anal. Chem. , 1979, 51 (7): 844-851.

[10] 冯明明. 铀矿山尾矿库区土壤中有机质吸附铀效果与机制研究 [D]. 东华理工大学, 2016.

[11] 邵孝侯, 邢光熹, 侯文华. 连续提取法区分土壤重金属元素形态的研究及其应用 [J]. 土壤学进展, 1994, 22 (3): 40-46.

[12] 文霄, 刘迎云, 关永兵. 湘南某铅锌矿区重金属赋存形态分析 [J]. 安全与环境工程, 2013, 20 (5): 42-45.

[13] 王云, 魏复盛. 土壤环境元素化学 (第一版) [M]. 北京, 中国环境科学出版社, 1995.

[14] 全国环境天然放射性水平调查总结报告编写小组. 全国土壤中天然放射性核素含量调查研究 (1983—1990 年) [J]. 辐射防护, 1992, 12 (2): 122-142.

[15] Turer D G, Maynard B J. Heavy metal contamination in highway soils. Comparison of Corpus Christi, Texas and Cincinnati. Ohio shows organic matter is key to mobility [J]. Clean Technologies and Environmental Policy, 2003, 4 (4): 235-245.

[16] Lee S. Geochemistry and partitioning of trace metals in paddy soils affected by metal mine tailings in Korea [J]. Geoderma, 2006, 135: 26-37.

[17] Karczewska A. Metal species distribution in top-and sub-soil in an area affected by copper smelter emissions [J]. Applied Geochemistry, 1996, 11 (1-2): 35-42.

[18] Wilson B, Pyatt F B. Heavy metal dispersion, Persistence, and bio-accumulation around an ancient copper mine situated in Anglesey, UK [J]. Ecotoxicology and Environmental Safety, 2007, 66: 224-231.

[19] 中国卫生部卫生监督司. GB 11713—89. 用半导体 γ 谱仪分析低比活度 γ 放射性样品的标准方法, 1989.

[20] 中华人民共和国, 国家质量监督检验检疫总局. SN/T 0570—2007. 进口可用作原料的废物放射性污染检验规程, 2007.

[21] 中华人民共和国国家标准. GB 11743—89. 土壤中放射性核素的 γ 能谱分析方法, 1989.

[22] 联合国粮农组织, 国际原子能机构, 国际劳工组织, 等. GB 18871—2002. 电离辐射防护与辐射源安全基本标准, 2002.

[23] 张智慧. 天然铀衰变特性 [J]. 辐射防护通讯. 1989 (1): 43-46.

[24] 石辉, 李占斌, 赵晓光. 铀钍衰变系核素在土壤侵蚀应用研究的进展 [J]. 核农学报, 2003, 17 (5): 396-399.

[25] 汪勇. 铀矿山尾矿库下游稻田土壤中重金属的分布及风险评价 [D]. 东华理工大学. 2015.

［26］胡瑞霞，高柏，孙占学，等. 某铀矿山尾矿坝下游土壤重金属形态分析［J］. 金属矿山，2009（2）：160-162.

［27］姚高扬，华恩祥，高柏，等. 南方某铀尾矿区周边农田土壤中放射性核素的分布特征［J］. 生态与农村环境学报，2015，31（6）：963-966.

［28］孙叶芳，谢正苗，徐建明，等. TCLP 法评价矿区土壤重金属的生态环境风险［J］. 环境科学，2005，26（3）：153-156.

［29］Stark S C，Snape I，Graham N J，et al. Assessment of metal contamination using X-ray fluorescence spectrometry and toxicity characteristic leaching procedure（TCLP）during remediation of a waste disposal site in Antarctica［J］. Journal of Environment Monitoring，2008，10：60-70.

［30］陈伯扬. 重金属污染评价及方法对比［J］. 地质与资源，2008，17（3）：213-218.

［31］许超，夏北成. TCLP 法评价酸性矿山废水污染稻田土壤重金属的生态风险［J］. 生态环境，2008，17（6）：2264-2266.

［32］周秀丽. 某铀矿区土壤放射性核素铀形态分布特征及其生物有效性研究［D］. 东华理工大学，2016.

［33］USEPA. 1992. Guidelines for exposure assessment［S］. Washington：Office of emergency and remedial pesponse：1-107.

［34］USEPA. 1986. Superfund public health evaluation manual［S］. Washington：Office of emergency and remedial pesponse：1-52.

# 第5章
# 铀矿山下游河流环境调查与评估

    河流水体是核素迁移转化的主要载体，水体中核素的存在形式决定了迁移方式、转化过程及影响范围。鄱阳湖流域的生态文明建设受到国家高度重视，成为我国大湖流域生态保护与科学开发典范区。临水河是鄱阳湖流域第二大河流抚河主要支流，其水化学成分对鄱阳湖供水和生态具有重要影响。位于临水河上游地区的相山铀矿是亚洲最大的火山型铀矿山，经过近60年的生产，产生了大量的废石、尾矿砂和废水，其中放射性污染物通过直接或间接方式对临水河水体及生态产生了潜在威胁，并有可能影响鄱阳湖以及长江中下游水生态环境质量和居民饮用水安全。

    自临水河补给区到排泄区，即芜头水文站（马口水文站）—蔡家水位站—崇仁水位站—孙坊水位站—娄家村水文站至李家渡水文站不同断面为取样点（临水河水系简图见图5.1）。

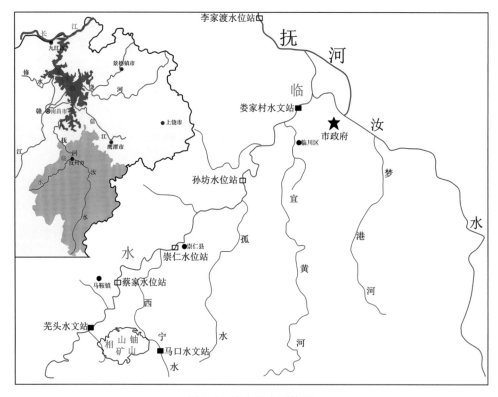

图5.1 临水河水系简图

## 5.1　河流水体重金属分布与污染评价

### 5.1.1　河水水化学特征

（1）水化学参数及水化学类型特征

水体水化学参数及成分与河水、表层沉积物中重金属赋存具有密切联系，故需对临水河水体水化学特征进行分析。根据各采样点水化学参数及成分进行的统计特征值分析见表5.1。

表 5.1　各采样点水化学参数及成分的统计特征值

| 采样点 | pH | $K^+$ | $Na^+$ | $Ca^{2+}$ | $Mg^{2+}$ | $Cl^-$ | $SO_4^{2-}$ | $HCO_3^-$ | $NO_3^-$ | $F^-$ |
|---|---|---|---|---|---|---|---|---|---|---|
| H-1 | 7.17 | 2.28 | 2.18 | 6.23 | 1.59 | 4.9 | 3.17 | 18.09 | 2.19 | 0.11 |
| H-2 | 7.15 | 2.24 | 2.33 | 6.43 | 1.5 | 4.69 | 3 | 15 | 2.33 | 0.13 |
| H-3 | 7.17 | 2.21 | 2.27 | 8.38 | 1.54 | 4.7 | 8.72 | 17.34 | 2.46 | 0.15 |
| H-4 | 7.14 | 2.25 | 2.66 | 7.92 | 1.59 | 4.14 | 7.06 | 19.97 | 2.23 | 0.13 |
| H-5 | 6.98 | 1.32 | 2.75 | 4.34 | 1.35 | 1.45 | 2.36 | 16.96 | 2.69 | 0.17 |
| H-6 | 7.07 | 1.81 | 2.8 | 6.24 | 1.58 | 9.4 | 4.94 | 15.83 | 2.83 | 0.15 |
| 最大值 | 7.17 | 2.28 | 2.8 | 8.38 | 1.59 | 9.4 | 8.72 | 19.97 | 2.83 | 0.17 |
| 最小值 | 6.98 | 1.32 | 2.18 | 4.34 | 1.35 | 1.45 | 2.36 | 15.83 | 2.19 | 0.11 |
| 平均值 | 7.11 | 2.02 | 2.5 | 6.59 | 1.53 | 4.88 | 4.92 | 17.53 | 2.46 | 0.14 |
| 标准差 | 0.08 | 0.38 | 0.27 | 1.44 | 0.09 | 2.56 | 2.51 | 1.4 | 0.26 | 0.02 |
| 变异系数% | 1 | 19 | 11 | 22 | 6 | 52 | 51 | 8 | 11 | 15 |

由表5.1可知，研究区地下水 pH 范围在 6.98～7.17，平均值为 7.11，属弱碱性水，变异系数为1%，变化范围较小，表明研究区河水的 pH 相对稳定。阳离子中，$Ca^{2+}$ 变异系数最大，其最大值位于铀矿区水系汇入临水河下游的 H-3 采样点，为 8.38 mg/L，最小值位于西宁水大桥的 H-5 采样点，为 4.34 mg/L；阴离子中，$Cl^-$、$SO_4^{2-}$ 变异系数高达 50% 以上，其中 $Cl^-$ 最大值位于崇仁县城的 H-6 采样点，为 9.40 mg/L，$SO_4^{2-}$ 最大值位于 H-3 采样点，为 8.72 mg/L，而 $Cl^-$、$SO_4^{2-}$ 最小值均位于西宁水大桥的 H-5 采样点。从以上分析结果可看出，$Ca^{2+}$、$SO_4^{2-}$ 最大值均位于 H-3 采样点，主要原因是铀矿区在生产过程中采用浓硫酸作为溶浸剂和处理废水过程中加入了大量生石灰，经地表、地下汇流富集于 H-3 采样点，表明临水河已受到铀矿区影响，致使临水河水化学成分出现差异性；而因工业废水排放及使用氯气消毒自来水等，致使

Cl⁻富集于崇仁县城。

采用舒卡列夫分类方法对临水河水化学类型进行划分，并采用 AquaChem 软件作出 Piper 三线图，获取不同采样点的水化学类型。以 25％毫克当量为划分界限，由图 5.2可知，H-1、H-2 及 H-6 采样点水化学类型均为 Ca·Na-HCO₃·SO₄·Cl 型水；H-3 采样点水化学类型为 Ca-SO₄·HCO₃ 型水；H-4 采样点水化学类型为 Ca·Na-SO₄·HCO₃ 型水；H-5 采样点水化学类型为 Ca·Na-HCO₃·SO₄ 型水，可初步推断临水河水化学类型沿程出现差异性主要是由于矿山生产及人为因素的综合作用的结果。

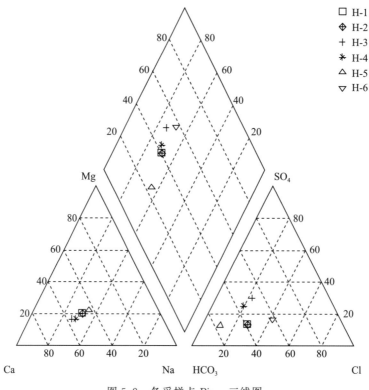

图 5.2　各采样点 Piper 三线图

（2）河水水体主要阴阳离子的相关性分析

采用 SPSS18.0 统计分析软件，分析计算临水河水体主要阴阳离子的相关系数见表 5.2。

表 5.2　临水河水体主要阴阳离子的相关系数

| | $K^+$ | $Na^+$ | $Ca^{2+}$ | $Mg^{2+}$ | $Cl^-$ | $SO_4^{2-}$ | $HCO_3^-$ | $NO_3^-$ | $F^-$ |
|---|---|---|---|---|---|---|---|---|---|
| $K^+$ | 1.00 | | | | | | | | |
| $Na^+$ | −0.71 | 1.00 | | | | | | | |
| $Ca^{2+}$ | 0.78 | −0.37 | 1.00 | | | | | | |

|  | $K^+$ | $Na^+$ | $Ca^{2+}$ | $Mg^{2+}$ | $Cl^-$ | $SO_4^{2-}$ | $HCO_3^-$ | $NO_3^-$ | $F^-$ |
|---|---|---|---|---|---|---|---|---|---|
| $Mg^{2+}$ | 0.79 | −0.30 | 0.70 | 1.00 | | | | | |
| $Cl^-$ | 0.25 | 0.13 | 0.26 | 0.68 | 1.00 | | | | |
| $SO_4^{2-}$ | 0.43 | −0.08 | 0.90 * | 0.49 | 0.21 | 1.00 | | | |
| $HCO_3^-$ | 0.26 | 0.01 | 0.40 | 0.32 | −0.31 | 0.44 | 1.00 | | |
| $NO_3^-$ | −0.79 | 0.69 | −0.45 | −0.41 | 0.32 | −0.11 | −0.51 | 1.00 | |
| $F^-$ | −0.83 * | 0.63 | −0.36 | −0.71 | −0.19 | 0.04 | −0.28 | 0.83 * | 1.00 |

注：*. 在 0.05 水平（双侧）上显著相关。

从表 5.2 中可看出，水体中的阴阳离子呈现不同的正负值，各值大小具有明显差异，说明水体中阴阳离子可能有不同来源[1]。其中，阴阳离子 $Ca^{2+}$、$SO_4^{2-}$ 相关性显著，相关系数为 0.90，在 0.05 水平上呈显著相关，表明离子主要来源于 $CaSO_4$；再者阴阳离子 $F^-$ 分别与 $K^+$、$NO_3^-$ 在 0.05 水平上呈显著相关，相关系数分别为 −0.83、0.83，表明地下水中 $F^-$ 的来源与 $K^+$、$NO_3^-$ 具有密切关系；此外，其他组分离子间相关性不显著，表明影响水体中主要阴阳离子浓度的因素有多种。

## 5.1.2 河水中重金属分布特征

密度大于 4.5 g/cm³ 的金属称为重金属。重金属离子主要是通过悬浮物颗粒的吸附和输送进入水体的。水体中重金属离子的迁移过程主要有扩散、对流、沉降和再悬浮等，转化途径主要有吸附、解吸、絮凝、溶解和沉淀等，参与的生物过程指的主要有生物富集和摄取吸收等。水中重金属离子既可以通过水解作用生成氢氧化物，又可以与无机酸反应生成硫化物和硫酸盐，溶解度均较小，易沉淀至底泥沉积物中，且在一定的时间内不能被生物降解，具有生物累积效应。因此，底泥沉积物成为重金属污染物质的源，但在一定的条件下，沉积物—水界面的各项理化指标、生物作用或扰动作用和水动力冲刷等环境因素的变化，使沉积物向水体释放重金属污染物，对水体产生污染，则沉积物成为污染源[2]。因此，为整体认识临水河水体与沉积物重金属污染状况，探究其分布特征、来源，为以后研究奠定了基础。

（1）重金属（Cd、Pb、Mn、Fe）空间分布特征

表 5.3 为临水河水体各采样点重金属含量水平及其统计特征值，表 5.4 为《地表水环境质量标准（GB 3838—2002）》各类水质重金属标准限制及 Fe、Mn 集中式生活饮水地表水源地补充项目标准限值[3]。

从表 5.3 可看出，临水河水体 Cd 含量平均值为 1.61 $\mu g/L$，属二类水质标准，变异系数仅为 1.27%，表明沿程河段 Cd 含量变化不大；Pb 含量平均值为 1.91 $\mu g/L$，且

各采样点 Pb 含量均小于 2.5 μg/L，属一类水质标准，表明该河段未受到 Pb 污染；Mn
含量平均值为 50.17 μg/L，在地表水环境质量标准限值以内，水质良好；Fe 含量平均
值为 470.67 μg/L，高于《地表水环境质量标准集中式生活饮用水地表水源地补充项
目》标准限值 300 μg/L，说明临水河受到严重的 Fe 污染。纵观各采样点，各重金属最
大值均出现在 H-1 采样点，从卫星地图上定位可见，该采样点周边有较多裸露的山。
初步推测：人类活动及开发山的过程中，致使重金属流失，汇入临水河，富集于 H-1
采样点，故 H-1 采样点重金属为最大值。

表 5.3　临水河水体重金属分布状况

| 采样点 | Cd/（μg/L） | Pb/（μg/L） | Mn/（μg/L） | Fe/（μg/L） |
|---|---|---|---|---|
| H-1 | 1.60 | 2.27 | 60.70 | 635.00 |
| H-2 | 1.58 | 1.88 | 41.20 | 455.00 |
| H-3 | 1.60 | 2.03 | 56.20 | 534.00 |
| H-4 | 1.62 | 1.83 | 50.80 | 479.00 |
| H-5 | 1.64 | 1.73 | 44.10 | 365.00 |
| H-6 | 1.61 | 1.74 | 48.00 | 356.00 |
| 最大值 | 1.64 | 2.27 | 60.70 | 635.00 |
| 最小值 | 1.58 | 1.73 | 41.20 | 356.00 |
| 平均值 | 1.61 | 1.91 | 50.17 | 470.67 |
| 标准差 | 0.02 | 0.21 | 7.34 | 105.49 |
| 变异系数/% | 1.27 | 10.78 | 14.64 | 22.41 |

表 5.4　地表水环境质量标准基本项目标准限值

| 项目 | Ⅰ类 | Ⅱ类 | Ⅲ类 | Ⅳ类 | Ⅴ类 |
|---|---|---|---|---|---|
| Cd≤ | 1 | 5 | 5 | 5 | 10 |
| Pb≤ | 10 | 10 | 50 | 50 | 100 |
| Fe≤ | | | 300 | | |
| Mn≤ | | | 100 | | |

注：Fe、Mn 为 GB 3838—2002 地表水质量标准中集中式生活饮水地表水源地补充项目标准限值。

（2）重金属相关性分析

临水河河水重金属污染属于复合型污染，其含量及分布相互制约，并存在一定的相
关性。为探究重金属相关性程度，明确其含量分布的规律，采用 SPSS17.0 分别求出临
水河重金属 Cd、Pb、Mn 和 Fe 之间的 Person 系数。其结果见表 5.5。

表 5.5　临水河水体重金属相关性分析

| | Cd | Pb | Mn | Fe |
|---|---|---|---|---|
| Cd | 1 | | | |
| Pb | $-0.478$ | 1 | | |
| Mn | $-0.097$ | $0.818^*$ | 1 | |
| Fe | $-0.454$ | $0.966^{**}$ | $0.813^*$ | 1 |

注：*. 在 0.05 水平（双侧）上显著相关；**. 在 .01 水平（双侧）上显著相关。

由表 5.5 可看出，临水河 Pb 和 Mn 相关系数为 0.818，在 0.05 水平上呈显著相关；Pb 和 Fe 相关系数为 0.966，在 0.01 水平上呈显著相关；Mn 与 Fe 也是也是在 0.05 水平上呈显著相关，相关系数为 0.813，这 3 种重金属元素相互之间均呈显著相关关系。由此推断：Pb、Mn 和 Fe 可能来源于同种污染源。Cd 与这 3 种重金属元素均呈弱负相关关系，表明临水河中 Cd 来源及含量与其他 3 种重金属元素没有必然联系。

（3）重金属存在形式分析

水体中的重金属主要以可溶态或悬浮态存在，而其在水体中的迁移转化过程、生物有效性及毒性均与重金属在水体中的赋存形态具有密切关系。目前，关于水体重金属研究大多集中在总量方面，其虽然能对水体污染现状作出简单的判断，但重金属赋存形态通过与某些络合物的络合方式改变影响其吸附、解吸、沉淀等作用，最终影响重金属在水体中的迁移、转化和富集过程；此外，重金属不同赋存形态具有不同的化学行为，在水体中起着不同的作用，最为重要的是不同形态的重金属具有不同的生物有效性及毒性，对水生动植物和人类具有不同程度的影响，如：游离态的镉离子、铜离子及铜的氢氧化物的毒性均较大，而其稳定配合物及其与胶体颗粒结合的形态的毒性均较小[4]。因此，在目前国内外水环境化学的基础上，本文尝试采用地球化学模拟软件（phreeqc）模拟重金属临水河水体中重金属的赋存形态，计算其不同形态的含量比例，分析其毒性对水体危害，不仅对重金属元素在水体中地球化学行为具有指导性作用，还能为相关部门评价与治理临水河重金属污染提供理论依据。

1）Cd 赋存形态

从表 5.6 可看出，临水河水体中的 Cd 主要以二价态存在，主要有 $Cd^{2+}$、$CdCl^+$、$CdHCO_3^+$ 和 $CdSO_4$，其中 $Cd^{2+}$ 占绝对优势，其所占比例为 59.06%～99.72%，次为 $CdHCO_3^+$、$CdCl^+$ 和 $CdSO_4$，所占比例分别为 0.05%～15.64%、0.04%～13.35% 和 0.08%～10.72%，其他形式 Cd 的含量相对较少，含量比例均在 1% 以下，如 $CdOH^+$、$CdNO_3^+$ 和 $CdCO_3$ 等。Cd 在水体中的迁移能力：离子态＞络合态＞难溶悬浮物态。且在酸性环境中，易发生 Cd 的难溶态溶解、络合态离解，产生更多的利于迁移 Cd 离子态，因此，Cd 在水体中的迁移能力取决于其在水体中的赋存形态及环境背景[5]。则在该水化学背景条件下，水体中的 Cd 主要以游离态形式存在，表明水体中的 Cd 易发生迁移。

表 5.6  Cd 的赋存形态及含量比例

| | H-1 | H-2 | H-3 | H-4 | H-5 | H-6 |
|---|---|---|---|---|---|---|
| $Cd^{2+}$ | 97.05 | 99.72 | 96.07 | 96.46 | 98.08 | 95.88 |
| $CdCl^+$ | 1.12 | 0.04 | 1.05 | 0.93 | 0.34 | 2.10 |
| $CdHCO_3^+$ | 0.96 | 0.05 | 0.90 | 1.04 | 0.93 | 0.83 |
| $CdSO_4$ | 0.68 | 0.08 | 1.79 | 1.46 | 0.53 | 1.03 |
| $CdOH^+$ | 0.11 | 0.11 | 0.11 | 0.10 | 0.07 | 0.08 |
| $CdNO_3^+$ | 0.03 | 0.00 | 0.04 | 0.03 | 0.04 | 0.04 |
| $CdCO_3$ | 0.02 | 0.00 | 0.02 | 0.02 | 0.01 | 0.01 |

2）Pb 赋存形态

从表 5.7 可看出，Pb 主要以 ＋2 价存在，在水体中主要的赋存形态有 $Pb^{2+}$、$PbCO_3$、$PbOH^+$ 和 $PbHCO_3^+$ 等。其中，所有采样点中 $Pb^{2+}$ 占主导地位，所占比例为 47.98%～54.83%，其次分别为 $PbCO_3$、$PbOH^+$ 和 $PbHCO_3^+$，其含量比例分别为 18.44%～25.33%、12.71%～16.91% 和 8.32%～10.51%，除上述形态之外，水体中其他形态含量比例相对较少，均在 2% 以下。可明显看出，Pb 以简单离子 $Pb^{2+}$ 存在，相对于以简单离子形式存在的 Cd 含量比例显著下降，相较于 $Mn^{2+}$ 亦如此，主要原因是在天然水体中，$Pb^{2+}$ 易与水中一些阴离子形成难溶性化合物，因此，水体中 $PbCO_3$ 含量为次高；此外，由于 Pb 在水体中的水解反应及络合反应，形成较多的 $PbOH^+$ 与 $PbHCO_3^+$。

表 5.7  Pb 的赋存形态及含量比例

| | H-1 | H-2 | H-3 | H-4 | H-5 | H-6 |
|---|---|---|---|---|---|---|
| $Pb^{2+}$ | 48.25 | 52.19 | 48.87 | 47.98 | 57.52 | 54.83 |
| $PbCO_3$ | 25.11 | 21.55 | 23.91 | 25.33 | 18.44 | 19.65 |
| $PbOH^+$ | 16.35 | 16.91 | 16.38 | 15.04 | 12.71 | 14.68 |
| $PbHCO_3^+$ | 9.27 | 8.32 | 8.86 | 10.05 | 10.51 | 9.15 |
| $PbSO_4$ | 0.58 | 0.59 | 1.55 | 1.24 | 0.53 | 1.00 |
| $PbCl^+$ | 0.21 | 0.21 | 0.20 | 0.17 | 0.07 | 0.45 |
| $PbNO_3^+$ | 0.10 | 0.11 | 0.11 | 0.10 | 0.14 | 0.14 |
| $Pb(OH)_2$ | 0.07 | 0.07 | 0.07 | 0.06 | 0.04 | 0.05 |
| $Pb(CO_3)_2^{2-}$ | 0.00 | 0.00 | 0.00 | 0.00 | 0.00 | 0.00 |

从表5.8可看出，各采样点中 $Mn^{2+}$ 占绝对优势，含量比例在 81.95% ～ 99.12% 间，Mn 的其他形态含量比例均在 1% 以下。

表 5.8　Mn 的赋存状态及含量比例

|  | H-1 | H-2 | H-3 | H-4 | H-5 | H-6 |
|---|---|---|---|---|---|---|
| $Mn^{2+}$ | 99.00 | 81.95 | 98.34 | 98.45 | 99.12 | 98.80 |
| $MnHCO_3^+$ | 0.51 | 10.24 | 0.47 | 0.55 | 0.48 | 0.65 |
| $MnSO_4$ | 0.43 | 7.26 | 1.12 | 0.92 | 0.33 | 0.44 |
| $MnOH^+$ | 0.03 | 0.02 | 0.03 | 0.03 | 0.01 | 0.03 |
| $MnNO_3^+$ | 0.02 | 0.14 | 0.01 | 0.02 | 0.03 | 0.03 |
| $MnF^+$ | 0.01 | 0.17 | 0.02 | 0.02 | 0.03 | 0.03 |
| $MnCl^+$ | 0.00 | 0.21 | 0.00 | 0.00 | 0.00 | 0.03 |

## 5.1.3　底泥重金属分布特征

临水河底泥沉积物含量中重金属含量水平及江西省土壤重金属背景值分别见表 5.9、表 5.10。表 5.9 概述了临水河底泥沉积物重金属含量的统计特征值，表 5.10 列举了江西省土壤重金属的背景值。

表 5.9　临水河底泥沉积物重金属含量水平

|  | Cr/（mg/kg） | Cd/（mg/kg） | Cu/（mg/kg） | Pb/（mg/kg） | SUM |
|---|---|---|---|---|---|
| H-1 | 246.44 | 2.037 | 1.018 | 2.037 | 251.532 |
| H-2 | 270.71 | 2.89 | 2.89 | 1.927 | 278.417 |
| H-3 | 400.37 | 1.845 | 3.69 | 6.458 | 412.363 |
| H-4 | 216.14 | 0.927 | 1.856 | 0.928 | 219.851 |
| H-5 | 228.42 | 1.799 | 0.999 | 2.698 | 233.916 |
| H-6 | 196.75 | 0.903 | 5.415 | 0.903 | 203.971 |
| 最大值 | 400.37 | 2.89 | 5.415 | 6.458 | 412.363 |
| 最小值 | 196.75 | 0.903 | 0.999 | 0.903 | 203.971 |
| 标准差 | 73.381 | 0.747 | 1.721 | 2.062 | 75.881 |
| 平均值 | 259.805 | 1.734 | 2.645 | 2.492 | 266.675 |
| 空间变异系数/% | 28.20 | 43.10 | 65.10 | 82.80 | 28.50 |

表 5.10  江西省土壤重金属背景值

|  | Cr | Cd | Cu | Pb |
| --- | --- | --- | --- | --- |
| 江西省土壤背景值 | 48 | 0.1 | 20.8 | 32.1 |

从表 5.9 可看出，Cr 含量在 196.75～400.37 mg/kg，最大值出现在 H-3 采样点，最小值出现在 H-6 采样点，平均值为 259.805 mg/kg，是江西省 Cr 背景值的 5.41 倍；Cd 含量在 0.903～2.89 mg/kg，最大值出现在 H-2 采样点，最小值出现在 H-6 采样点，平均值为 1.734 mg/kg，是江西省 Cd 背景值的 17 倍；Cu 含量在 5.415～0.999 mg/kg，最大值出现在 H-6 采样点，最小值出现在 H-1 采样点，低于江西省 Cu 含量背景值；Pb 含量在 0.903～6.458 mg/kg，最大值出现在 H-3 采样点，最小值出现在 H-4 采样点，低于江西省 Pb 含量背景值。

从表 5.10 标准差及变异系数可看出，表明临水河表层沉积物重金属由于受到人类活动影响存在差异。其中 Cu、Pb 变异系数已超过 50%，说明水平差异大，表现出强烈波动，存在该波动可能与重金属来源和人类活动的强度、方式不同等因素有关[6]。

从临水河底泥沉积物重金属的含量自上游向下游的沿程看，H-2、H-3 采样点各重金属含量所占比例较大，说明这些采样点重金属排放量较大。结合该采样点地理位置初步推测，重金属一方面来源于上游 H-1 采样点。经上述分析可知，H-1 采样点水体重金属含量较高，经水体输运、絮凝、吸附和沉淀等物化过程，富集于 H-2、H-3 采样点；另一方面，铀矿山开采，部分金属元素流失，汇入临水河，在 H-2、H-3 采样点沉淀，故 H-2、H-3 采样点重金属含量相对较高。

从临水河底泥沉积物重金属含量整体水平看，临水河底泥 Cr、Cd 含量与江西省土壤重金属含量相比，污染较为严重。其中，Cr 污染系数为 5.41，Cd 污染系数更高达17.34。表明底泥沉积物上述元素人为累积量较大，富集程度高，是后续底泥污染综合治理的重点。

根据临水河各采样点底泥沉积物重金属含量数据，应用 SPSS 软件计算各重金属间Person 系数，见表 5.11，仅有 Cr 与 Pb 在 0.01 水平上显著相关，为 0.951，推断底泥沉积物 Cr 与 Pb 可能来源与同种污染源。

表 5.11  临水河底泥沉积物土壤重金属相关性分析

|  | Cr | Cd | Cu | Pb |
| --- | --- | --- | --- | --- |
| Cr | 1 |  |  |  |
| Cd | 0.401 | 1 |  |  |
| Cu | 0.131 | −0.291 | 1 |  |
| Pb | 0.951** | 0.292 | 0.070 | 1 |

注：**. 在 0.01 水平（双侧）上显著相关。

### 5.1.4 污染评价

（1）地表水重金属污染评价方法

根据《地表水环境质量标准》（GB 3838—2002）（见表 5.12）对研究区地表水中重金属污染情况进行评价[7]。Cd 和 Pb 以地表水Ⅲ类标准为标准值，Mn 与 Fe 以集中式饮用水地表水源地补充项目标准为标准值。采用单因子指数法与内梅罗指数法对地表水环境质量评价。

表 5.12 地表水环境质量标准（GB 3838—2002）基本限值

| 等级 | | Ⅰ | Ⅱ | Ⅲ | Ⅳ | Ⅴ |
|---|---|---|---|---|---|---|
| Cd | ≤ | 0.001 | 0.005 | 0.005 | 0.005 | 0.01 |
| Pb | ≤ | 0.01 | 0.01 | 0.05 | 0.05 | 0.1 |
| Mn | ≤ | | | 0.1 | | |
| Fe | ≤ | | | 0.3 | | |

从污染负荷的角度，选取单因子指数法和内梅罗指数法对地表水中的重金属进行污染评价[8]。根据表 5.13 中水质综合污染指数评价标准可知，自上游芜头水文站附近至崇仁河大桥下等 4 个采样点位均处于中度污染程度，属于Ⅳ类水；西宁水大桥与崇仁县城两点处于轻污染级别，仍满足Ⅲ类水等级。

表 5.13 河水重金属单因子指数及内梅罗指数评价结果

| 采样点 | Cd/ (μg/L) | $P_i$ | Pb/ (μg/L) | $P_i$ | Mn/ (μg/L) | $P_i$ | Fe/ (μg/L) | $P_i$ | 综合污染指数 PI |
|---|---|---|---|---|---|---|---|---|---|
| H-1 | 1.60 | 0.32 | 2.27 | 0.045 | 60.70 | 0.607 | 635.00 | 2.117 | 1.59 |
| H-2 | 1.58 | 0.316 | 1.88 | 0.038 | 41.20 | 0.412 | 455.00 | 1.517 | 1.15 |
| H-3 | 1.60 | 0.32 | 2.03 | 0.041 | 56.20 | 0.562 | 534.00 | 1.780 | 1.35 |
| H-4 | 1.62 | 0.324 | 1.83 | 0.037 | 50.80 | 0.508 | 479.00 | 1.597 | 1.21 |
| H-5 | 1.64 | 0.328 | 1.73 | 0.035 | 44.10 | 0.441 | 365.00 | 1.217 | 0.93 |
| H-6 | 1.61 | 0.322 | 1.74 | 0.035 | 48.00 | 0.480 | 356.00 | 1.187 | 0.91 |

（2）底泥沉积物重金属污染评价方法

沉积物重金属污染风险评价方法有很多，污染负荷指数法、地质累积指数法、模糊集理论、潜在生态危害指数法、回归过量分析法、脸谱图法等方法代表了目前国际上沉积物重金属研究的先进方法[9]，因此采用多种评价方法进行综合评价可以起到一个互相补充的作用，提高结果的可信度。

① 地质累积指数评价

地质累积指数（$I_{geo}$）通常称为 Muller 指数，该指数同时反映和判别了重金属分布的自然变化特征和人为活动对环境的影响，是区分人为活动影响的重要因素[10]。

其表达式为：

$$I_{geo} = \log_2 [C_n / 1.5 B_n] \tag{5.1}$$

式中，$C_n$ 为样品中元素 $n$ 的浓度；$B_n$ 为背景浓度；1.5 为修正指数，通常用来表征沉积特征、岩石地质及其他影响。

地质累积指数不仅取决于样品中重金属的实测值，与所选取的地球化学背景值也有一定的关联[11]。本文选取江西省土壤背景值如表 5.14 所示，主要考虑到沉积成岩作用等地球化学背景的影响[12]。以此背景值计算所得的地质累积指数将将更突出重金属的人为污染影响。根据重金属污染程度，将地质累积指数分为 7 个级别，如表 5.15 所示。

表 5.14　地球化学背景值

| | Cr | Cd | Cu | Pb |
|---|---|---|---|---|
| 江西省土壤背景值 | 48 | 0.10 | 20.8 | 32.1 |

表 5.15　地质累积指数级别

| $I_{geo}$ 范围 | 级别 | 污染程度 |
|---|---|---|
| $I_{geo} < 0$ | 0 | 无污染 |
| $0 \leqslant I_{geo} < 1$ | 1 | 无污染到中度污染 |
| $1 \leqslant I_{geo} < 2$ | 2 | 中度污染 |
| $2 \leqslant I_{geo} < 3$ | 3 | 中度污染到强污染 |
| $3 \leqslant I_{geo} < 4$ | 4 | 强污染 |
| $4 \leqslant I_{geo} < 5$ | 5 | 强污染到极强度污染 |
| $I_{geo} \geqslant 5$ | 6 | 极强污染 |

②潜在生态危害指数

潜在生态危害指数评价法考虑了多种重金属元素的协同作用、重金属的毒性水平、污染浓度以及生态对重金属的敏感性，所以更具有生态合理性[9-10]。其计算公式如下：

$$单个重金属污染系数 \ C_f^i = C_{表层}^i / C_n^i \tag{5.2}$$

其中，$C_f^i$ 为某一重金属的污染系数，$C_{表层}^i$ 为沉积物重金属的实测值，$C_n^i$ 为计算所需参比值（参比值选取同表1）；

$$沉积物重金属污染度 \ C_d = \sum_{i=1}^{n} C_f^i, \tag{5.3}$$

其中，$C_d$ 为沉积物重金属污染度；

$$单个重金属的潜在生态危害系数 \ E_r^i = T_r^i \times C_f^i, \tag{5.4}$$

其中，$E_r^i$ 为某一重金属的生态危害系数，$T_r^i$ 为该重金属的毒性响应系数；

$$潜在生态危害系数 \ RI = \sum_{i=1}^{n} E_r^i, \tag{5.5}$$

其中，RI 为沉积物多种重金属潜在生态危害指数。

根据重金属的污染程度不同，潜在危害系数 $E_r^i$、潜在危害指数与污染程度的关系见表 5.16。

表 5.16　潜在生态危害系数与污染程度的关系

| $E_r^i$ 与污染程度 | | RI 与污染程度 | |
| --- | --- | --- | --- |
| $E_r^i < 40$ | 轻微 | RI<150 | 轻微 |
| $40 \leqslant E_r^i < 80$ | 中等 | $150 \leqslant RI < 300$ | 中等 |
| $80 \leqslant E_r^i < 160$ | 强 | $300 \leqslant RI < 600$ | 强 |
| $160 \leqslant E_r^i < 320$ | 很强 | $RI \geqslant 600$ | 很强 |
| $E_r^i \geqslant 320$ | 极强 | | |

底泥沉积物重金属污染评价结果

采用公式（5.1）对表层沉积物的重金属实测值进行地质累积污染指数分析计算，所得结果如表 5.17 所示。临水河主要受到 Cr 和 Cd 两种重金属所污染，并未受到 Cu 和 Pb 的污染。Cr 的地质累积污染指数值在 1.45～2.48，污染级别为 2～3 级，中度污染及中度污染到强污染程度。对表层沉积物的重金属污染做出最大贡献的是 Cd，污染指数值在 2.59～4.27，污染级别为 3～5 级，中度污染到极强污染程度。其中，采样点 D2 为 Cd 污染最严重的位点，采样点 H-3 的 Cr 污染最为严重。Cu 和 Pb 的地质累积污染指数值均为负，污染级别为 0 级，尚未对河流表层沉积物的重金属污染做出贡献。

表 5.17　表层沉积物重金属地质累积污染指数

| 采样位点 | Cr | | Cd | | Cu | | Pb | |
|---|---|---|---|---|---|---|---|---|
| | 指数 | 等级 | 指数 | 等级 | 指数 | 等级 | 指数 | 等级 |
| H-1 | 1.78 | 2 | 3.76 | 4 | −4.94 | 0 | −4.56 | 0 |
| H-2 | 1.91 | 2 | 4.27 | 5 | −3.43 | 0 | −4.64 | 0 |
| H-3 | 2.48 | 3 | 3.62 | 4 | −3.08 | 0 | −2.90 | 0 |
| H-4 | 1.59 | 2 | 2.63 | 3 | −4.07 | 0 | −5.70 | 0 |
| H-5 | 1.67 | 2 | 3.58 | 4 | −4.96 | 0 | −4.16 | 0 |
| H-6 | 1.45 | 2 | 2.59 | 3 | −2.53 | 0 | −5.74 | 0 |
| 平均值 | 1.81 | 2 | 3.41 | 4 | −3.84 | 0 | −4.62 | 0 |

根据公式（5-2）、式（5-3）、式（5-4）、式（5-5）计算得到的重金属潜在生态危害指数如表 5.18 所示，所有采样位点 Cd 污染的 $E_r^i$ 都为很强或是极强污染，其余 3 种重金属的污染程度都是轻微污染。采样位点的综合危害指数 RI 值均的范围在 280.54～879.27，平均值为 531.9，污染程度从中等污染到很强污染。河流表层沉积物重金属污染做出最大贡献的是 Cd。H-2 和 H-1 的 RI 值均大于 600，为很强污染，H-3 和 H-5 的 RI 值在 300～600，属于强污染；其余采样位点为中等程度污染。

表 5.18　采样位点的 $E_r^i$、RI 值及污染程度

| 采样位点 | $E_r^i$ | | | | | | | | RI | 污染程度 |
|---|---|---|---|---|---|---|---|---|---|---|
| | Cr | 污染程度 | Cd | 污染程度 | Cu | 污染程度 | Pb | 污染程度 | | |
| D1 | 10.27 | 轻微 | 611.10 | 极强 | 0.24 | 轻微 | 0.32 | 轻微 | 621.93 | 很强 |
| D2 | 11.28 | 轻微 | 867 | 极强 | 0.69 | 轻微 | 0.30 | 轻微 | 879.27 | 很强 |
| D3 | 16.68 | 轻微 | 553.5 | 极强 | 0.89 | 轻微 | 1.01 | 轻微 | 572.08 | 强 |
| D4 | 9.01 | 轻微 | 278.1 | 很强 | 0.45 | 轻微 | 0.14 | 轻微 | 287.70 | 中等 |
| D5 | 9.52 | 轻微 | 539.7 | 极强 | 0.24 | 轻微 | 0.42 | 轻微 | 549.88 | 强 |
| D6 | 8.20 | 轻微 | 270.9 | 很强 | 1.30 | 轻微 | 0.14 | 轻微 | 280.54 | 中等 |
| 平均值 | 10.83 | 轻微 | 520.05 | 极强 | 0.64 | 轻微 | 0.39 | 轻微 | 531.90 | 强 |

\* 重金属元素的毒性系数 $T_r^i$ 分别为：Cr=2、Cd=30、Cu=Pb=5[11]。

## 5.2 河流放射性核素分布特征与污染评价

选取铀矿山下游的临水河作为研究对象，测定$^{238}$U、$^{226}$Ra、$^{232}$Th 和$^{40}$K 的活度浓度，研究核素在流域上的空间分布规律，并估算通过饮水途径摄入的放射性核素对不同年龄组居民的致癌健康风险，水样采样点如图5.3所示。

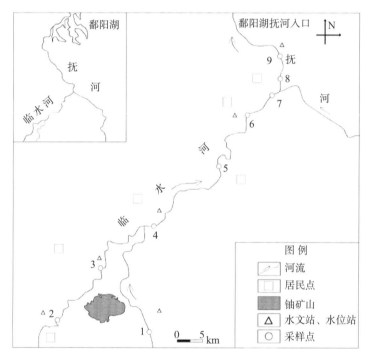

图5.3 水样采样点分布图

### 5.2.1 河水放射性核分布特征

（1）铀浓度时空变化特征

临水河中铀含量分布特征研究表明（如图5.4所示）：丰水期临水河中铀含量平均值为 0.74 $\mu g/L$，平水期铀含量平均值为 0.97 $\mu g/L$，枯水期铀含量平均值为 3.92 $\mu g/L$。显然，临水河铀含量在丰水期、平水期和枯水期大小顺序为：枯水期＞平水期＞丰水期。这主要是由于丰水期降水及河流量最大，平水期次之，枯水期最小，河流的冲刷、稀释以及降解作用所致。总体上，河流中铀含量沿程呈现递减趋势，这主要与河流本身的降解能力有关。在采样点5处铀含量突然递增，且铀含量在所有采样点中最高。这是由于在采样点4的下游和采样点5的上游存在相山铀矿山。铀矿山的"废渣、废液"直接或间接排入河流中，废渣、废液中存在的铀释放，导致河流中铀含量分布不一致。表明铀矿山对临水河中核素铀含量产生了一定的影响。

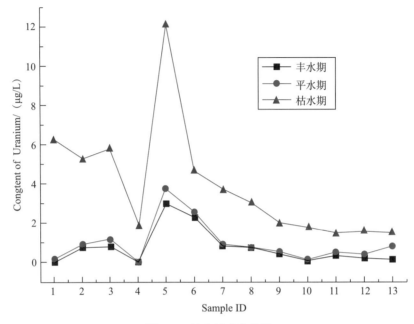

图 5.4　铀含量变化曲线

（2）铀存在形式

临水河中铀的赋存形态研究表明（见表 5.19）：临水河丰水期、平水期、枯水期铀均以六价为主要存在形式。有研究表明，自然界中常见的是四价铀和六价铀。与四价铀相比，六价铀的迁移能力较强。丰水期，$UO_2(OH)_2$ 的百分比最大，为 59.09%；其次 $UO_2(CO_3)_2^{2-}$ 和 $UO_2CO_3$ 占比较大，所占百分比分别为 27.85% 和 11.01%。平水期，$UO_2CO_3$ 的百分比最大，为 46.72%；其次 $UO_2(OH)_2$ 和 $UO_2(CO_3)_2^{2-}$ 占比较大，所占百分比分别为 36.57% 和 11.21%。枯水期，$UO_2(OH)_2$ 的百分比最大，为 44.52%；其次 $UO_2(CO_3)_2^{2-}$ 和 $UO_2CO_3$ 占比较大，所占百分比分别为 42.54% 和 8.52%。可见，临水河中铀在丰水期、平水期和枯水期的存在形态及各形态所占的百分比不同。这主要与丰水期、平水期和枯水期中主要阴阳离子含量以及铀含量不同有关。临水河中铀在丰水期、平水期和枯水期均主要以铀酰离子形式存在。铀酰离子是较强的络合剂，它可与有机物和无机物生成络合物。

表 5.19　铀存在形式计算结果　　　　　　　　　　　　　　　　　　　%

| 丰水期 | | 平水期 | | 枯水期 | |
|---|---|---|---|---|---|
| 铀的形态 | 百分比 | 铀的形态 | 百分比 | 铀的形态 | 百分比 |
| $UO_2(OH)_2$ | 59.086 5 | $UO_2CO_3$ | 46.715 7 | $UO_2(OH)_2$ | 44.517 3 |
| $UO_2(CO_3)_2^{2-}$ | 27.848 2 | $UO_2(OH)_2$ | 36.568 6 | $UO_2(CO_3)_2^{2-}$ | 42.544 0 |
| $UO_2CO_3$ | 11.010 0 | $UO_2(CO_3)_2^{2-}$ | 11.210 8 | $UO_2CO_3$ | 8.518 5 |
| $UO_2OH^+$ | 1.041 5 | $UO_2OH^+$ | 4.365 2 | $UO_2(CO_3)_3^{4-}$ | 2.308 4 |
| $UO_2(OH)_3^-$ | 0.600 8 | $UO_2^{2+}$ | 0.948 8 | $UO_2(OH)_3^-$ | 0.678 8 |
| $UO_2(CO_3)_3^{4-}$ | 0.195 3 | $UO_2SO_4$ | 0.063 5 | $(UO_2)_2CO_3(OH)_3^-$ | 0.580 4 |
| $(UO_2)_2CO_3(OH)_3^-$ | 0.089 8 | $UO_2(OH)_3^-$ | 0.044 7 | $UO_2OH^+$ | 0.252 5 |
| $UO_2^{2+}$ | 0.022 1 | $(UO_2)_2CO_3(OH)_3^-$ | 0.040 8 | $UO_2F^+$ | 0.010 0 |

（3）放射性核素活度浓度水平

放射性核素活度浓度水平如表 5.20 所示。$^{238}U$、$^{226}Ra$、$^{232}Th$ 和 $^{40}K$ 的平均活度浓度分别为 1.439、0.183、0.081 和 0.472 $Bq \cdot L^{-1}$，均高于全国地表水的平均值（0.02、0.006、0.001 和 0.144 $Bq \cdot L^{-1}$）[3,12]，受上游放射性废物污染，临水河的天然放射性核素含量高于全国平均水平 3~70 倍之多，其中 $^{238}U$、$^{226}Ra$ 和 $^{232}Th$ 的活度浓度均分别低于 WHO 规定的《饮用水水质准则》中指导水平（10 $Bq \cdot L^{-1}$、1 $Bq \cdot L^{-1}$ 和 1 $Bq \cdot L^{-1}$）[13]。K 是人体内重要的元素之一，人体内受到体内平衡的严格控制而不随摄入量变化，因此 WHO 没有规定 $^{40}K$ 在饮用水中的指导水平[14]。虽临水河受到上游铀矿山影响所致放射性影响，但放射性核素均未超出 WHO 饮用水水质标准。

表 5.20　各采样点放射性核素活度浓度水平　　　　　　　　　　　　$Bq \cdot L^{-1}$

| 采样点 | 活度浓度 | | | |
|---|---|---|---|---|
| | $^{238}U$ | $^{226}Ra$ | $^{232}Th$ | $^{40}K$ |
| 1 | 0.575 | 0.019 | 0.043 | 0.325 |
| 2 | 0.583 | 0.212 | 0.025 | 0.441 |
| 3 | 1.987 | 0.218 | 0.108 | 0.781 |
| 4 | 2.690 | 0.340 | 0.123 | 0.892 |
| 5 | 2.152 | 0.289 | 0.119 | 0.215 |
| 6 | 1.978 | 0.281 | 0.103 | 0.094 |

| 采样点 | 活度浓度 | | | |
|---|---|---|---|---|
| | $^{238}$U | $^{226}$Ra | $^{232}$Th | $^{40}$K |
| 7 | 1.536 | 0.153 | 0.096 | 0.311 |
| 8 | 0.953 | 0.082 | 0.089 | 0.388 |
| 9 | 0.494 | 0.058 | 0.023 | 0.798 |
| 最小值 | 0.494 | 0.019 | 0.023 | 0.094 |
| 最大值 | 2.690 | 0.340 | 0.123 | 0.892 |
| 均值 | 1.439 | 0.183 | 0.081 | 0.472 |
| 全国平均值 | 0.020 | 0.006 | 0.001 | 0.144 |
| WHO 指导水平 | 10 | 1 | 1 | — |

采样点由上游（1、2 和 3 号）到中游（4、5 和 6 号），再至下游（7、8 和 9 号）放射性核素除$^{40}$K 外，活度浓度均呈先上升后下降的趋势，并都在 4 号采样点达到最大值。主要原因是 4 号采样点位于河流中游附近，受上游的铀矿山的开采活动影响，产生大量的废渣、废液。废渣通过降雨的淋滤等作用[15]，放射性核素渗入到地下水，进而转入地表水之中；而废液直接排入上游两条支流之中或通过农田水向临水河中转移，所致放射性核素不断累积流入临水河的主干流中，从而导致两支流交汇处附近的 4 号采样点的放射性核素活度浓度均达到最高；5～9 号采样点处于河流的中下游，受水体中悬浮物吸附作用以及下游周围水体补给稀释作用，致使水中放射性核素含量随着水流的迁移逐渐降低。在下游，$^{40}$K 的活度浓度突然上升，可能是农业钾肥与生活污水等因素导致的。

### 5.2.2　内照射待积有效剂量估算

采用 GB 18871—2002《电离辐射防护与辐射源安全基本标准》中推荐的剂量估算公式和剂量转换参数对饮水所致的内照射剂量进行估算：

$$H_{50} = k \times C_A \times V \tag{5.6}$$

式中，$H_{50}$ 为待积有效剂量，即人体摄入放射性物质后在其后 50 年内将要累积的剂量，Sv；$k$ 为剂量转换系数，Sv/Bq；$C_A$ 为水中放射性核素比活度浓度，Bq/L；$V$ 为人一年内的饮水量，L（参考我国相关资料的统计值，成人日均饮水摄入量取 2 L，则一年为 730 L，故取 730 L[16]）。

将 U 含量折算成活度浓度，对 U、$^{226}$Ra、Th 进行内照射剂量计算，各核素的剂量转换系数见表 5.21，根据公式计算出的待积有效剂量值列于表 5.22。

表 5.21　剂量转换系数

| 核素 | U | $^{226}$Ra | Th |
|---|---|---|---|
| 剂量转换系数/（Sv/Bq） | $4.5 \times 10^{-8}$ | $2.8 \times 10^{-7}$ | $2.3 \times 10^{-7}$ |

表 5.22　居民因饮用地下水所致的内照射剂量

| 采样点 | 测量浓度/（Bq/L） | | | 年摄入量/（Bq/a） | | | 待积有效剂量/Sv | | | 总计 |
|---|---|---|---|---|---|---|---|---|---|---|
| | U | $^{226}$Ra | Th | U | $^{226}$Ra | Th | U | $^{226}$Ra | Th | |
| 1 | 0.734 | 0.014 | 0.003 | 535.82 | 10.22 | 2.19 | $2.411 \times 10^{-5}$ | $2.862 \times 10^{-6}$ | $5.037 \times 10^{-7}$ | $2.748 \times 10^{-5}$ |
| 2 | 0.014 | 0.029 | 0.007 | 10.22 | 21.17 | 5.11 | $4.599 \times 10^{-7}$ | $5.928 \times 10^{-6}$ | $1.175 \times 10^{-6}$ | $7.563 \times 10^{-6}$ |
| 3 | 0.100 | 0.036 | 0.033 | 73.00 | 26.28 | 24.09 | $3.285 \times 10^{-6}$ | $7.358 \times 10^{-6}$ | $5.541 \times 10^{-6}$ | $1.618 \times 10^{-5}$ |
| 4 | 0.031 | 0.022 | 0.005 | 22.63 | 16.06 | 3.65 | $1.018 \times 10^{-6}$ | $4.497 \times 10^{-6}$ | $8.395 \times 10^{-7}$ | $6.355 \times 10^{-6}$ |
| 5 | 0.031 | 0.024 | 0.004 | 22.63 | 17.52 | 2.92 | $1.018 \times 10^{-6}$ | $4.906 \times 10^{-6}$ | $6.716 \times 10^{-7}$ | $6.596 \times 10^{-6}$ |
| 6 | 0.147 | 0.013 | 0.002 | 107.31 | 9.49 | 1.46 | $4.829 \times 10^{-6}$ | $2.657 \times 10^{-6}$ | $3.358 \times 10^{-7}$ | $7.822 \times 10^{-6}$ |

从表 5.22 中可以看出，研究区放射性核素所致居民总内照射剂量最大值为 $2.748 \times 10^{-5}$ Sv，低于 2011 年世界卫生组织制定的《饮用水水质标准》第四版中的标准，通过饮水途径所导致的辐射剂量限值的参考水平为 0.1 mSv[17]。由此可知，临水河河水中放射性水平是不会对饮用地下水的居民造成健康危害。

## 5.2.3　放射性核素健康风险评价

（1）核素健康风险模型

按照国际癌症研究机构（IARC）、世界卫生组织（WHO）分类体系鉴定核素毒性属性，并结合国际辐射防护委员会（ICRP）及 USEPA 推荐内照射剂量系数法模式，建立的通过饮水途径摄入放射性核素所致的健康风险模型为[18-19]：

$$R^r = \sum_{i=1}^{j} R_i^r$$
$$R_i^r = 1.25 \times 10^{-2} \times D_i \qquad (5.7)$$
$$D_i = C_i \times u^a \times g^a$$

式中，$R_i^r$ 为放射性核素 $i$（共 $j$ 种）通过饮水途径所致的平均个人致癌年风险，$a^{-1}$；$1.25 \times 10^{-2}$ 为在人群中辐射诱发的癌症死亡概率系数，$Sv^{-1}$；$D_i$ 为放射性核素 $i$ 通过饮水途径所致的人均年有效剂量，$Sv \cdot a^{-1}$；$C_i$ 为放射性核素 $i$ 在水中的活度浓度，$Bq \cdot L^{-1}$；$u^a$ 为 $a$ 年龄组的年平均饮水量，$L \cdot a^{-1}$；$g^a$ 为剂量转换系数，$Sv \cdot Bq^{-1}$。

（2）计算结果与评价

不同年龄组居民，在饮水用量以及受核素辐射影响的大小等方面都有很大的差异，采用原核工业部推荐的年龄组划分办法，将人群分成 3 个年龄组，即幼儿组（<7 岁）、少年组（7～17 岁）和成人组（≥18 岁）分别进行评价，年平均饮水量分别为 400、500 和 730 L[14]。各年龄组的剂量转换系数参考《电离辐射防护与辐射源安全基本标准》（GB 18871—2002），将<1 岁、1～2 岁和 2～7 岁的平均值作为幼儿组的剂量转换因子；将 7～12 岁和 12～17 岁的平均值作为少年组的剂量转换因子；将>17 岁的数值作为成人组的剂量转换因子[20]。放射性核素对各年龄组成员的剂量转化系数如表 5.23 所示。

表 5.23　放射性核素对各年龄组的剂量转化系数　　　　　　　　$Sv \cdot Bq^{-1}$

| 核素 | 剂量转换系数 | | |
|------|------|------|------|
| | 幼儿组 | 少年组 | 成人组 |
| $^{238}$U | $1.80 \times 10^{-7}$ | $6.75 \times 10^{-8}$ | $4.50 \times 10^{-8}$ |
| $^{226}$Ra | $2.09 \times 10^{-6}$ | $1.15 \times 10^{-6}$ | $2.80 \times 10^{-7}$ |
| $^{232}$Th | $1.80 \times 10^{-6}$ | $2.70 \times 10^{-7}$ | $2.30 \times 10^{-7}$ |
| $^{40}$K | $4.17 \times 10^{-8}$ | $1.03 \times 10^{-8}$ | $6.20 \times 10^{-9}$ |

通过计算模型及相应参数估算各点因饮水途径摄入的放射性核素所致不同年龄组居民的致癌风险，计算结果见表 5.24。对于各不同年龄组居民，各采样点位和临水河平均值的总致癌风险处于 $10^{-7} \sim 10^{-5}$，均低于 ICRP 认为的最大可忽略风险 $5.0 \times 10^{-5}$。而 USEPA 将化学致癌物质分为 A、B1、B2、C 等 4 类，而将放射性污染物统一认定为 A 类致癌物质，A 类致癌物的风险可接受度是最严格的，建议采用百万分之一（$10^{-6}$）进行控制[21-22]。认为致癌风险小于 $10^{-6}$ 时，风险才可以忽略；当处于 $10^{-6} \sim 10^{-4}$ 时，对人体具有潜在的风险；当大于 $10^{-4}$ 时，风险不可接受。由临水河放射性核素活度浓度的平均值估算各年龄组的总致癌风险，分别为 $4.04 \times 10^{-6}$（幼儿组）、$2.09 \times 10^{-6}$（少年组）、$1.26 \times 10^{-6}$（成人组），均高于 USEPA 认为的最大可忽略风险（$10^{-6}$），且研究区内各采样点的全部幼儿组、部分少年组和成人组居民致癌风险均有大于 $10^{-6}$，都具有潜在的致癌风险。

表 5.24 致癌风险计算结果

| 采样点 | 致癌风险/($10^{-6}$ a$^{-1}$) | | | | | | | | | | | | | | |
| --- | --- | --- | --- | --- | --- | --- | --- | --- | --- | --- | --- | --- | --- | --- | --- |
| | $^{238}$U | | | $^{226}$Ra | | | $^{232}$Th | | | $^{40}$K | | | 总计 | | |
| | 幼儿 | 少年 | 成人 | 幼儿 | 少年 | 成人 | 幼儿 | 少年 | 成人 | 幼儿 | 少年 | 成人 | 幼儿 | 少年 | 成人 |
| 1 | 0.52 | 0.24 | 0.24 | 0.20 | 0.13 | 0.05 | 0.39 | 0.07 | 0.09 | 0.09 | 0.02 | 0.02 | 1.19 | 0.47 | 0.39 |
| 2 | 0.53 | 0.25 | 0.24 | 2.21 | 1.52 | 0.54 | 0.22 | 0.04 | 0.05 | 0.07 | 0.03 | 0.03 | 3.03 | 1.84 | 0.86 |
| 3 | 1.79 | 0.84 | 0.82 | 2.28 | 1.57 | 0.56 | 0.97 | 0.18 | 0.23 | 0.16 | 0.05 | 0.04 | 5.20 | 2.64 | 1.64 |
| 4 | 2.42 | 1.14 | 1.11 | 3.56 | 2.44 | 0.87 | 1.10 | 0.21 | 0.26 | 0.19 | 0.06 | 0.05 | 7.27 | 3.84 | 2.28 |
| 5 | 1.94 | 0.91 | 0.88 | 3.03 | 2.08 | 0.74 | 1.07 | 0.20 | 0.25 | 0.05 | 0.01 | 0.01 | 6.08 | 3.20 | 1.89 |
| 6 | 1.78 | 0.84 | 0.81 | 2.94 | 2.02 | 0.72 | 0.93 | 0.17 | 0.22 | 0.02 | 0.01 | 0.01 | 5.66 | 3.03 | 1.75 |
| 7 | 1.38 | 0.65 | 0.63 | 1.60 | 1.10 | 0.39 | 0.87 | 0.16 | 0.20 | 0.07 | 0.02 | 0.02 | 3.91 | 1.93 | 1.24 |
| 8 | 0.86 | 0.40 | 0.39 | 0.86 | 0.59 | 0.21 | 0.81 | 0.15 | 0.19 | 0.08 | 0.03 | 0.02 | 2.61 | 1.17 | 0.81 |
| 9 | 0.45 | 0.21 | 0.20 | 0.61 | 0.42 | 0.15 | 0.21 | 0.04 | 0.05 | 0.17 | 0.05 | 0.05 | 1.43 | 0.72 | 0.45 |
| 均值 | 1.30 | 0.61 | 0.59 | 1.92 | 1.32 | 0.47 | 0.73 | 0.14 | 0.17 | 0.10 | 0.03 | 0.03 | 4.04 | 2.09 | 1.26 |

根据表 5.24 数据可以看出，通过饮水途径居民因单个核素摄入致癌风险最高为 $3.56 \times 10^{-6}$，是位于 4 号采样点幼儿组单个摄入 $^{226}$Ra 所致；致癌风险最低为 $10^{-8}$，是位于 5、6 号采样点少年组、成人组居民单个摄入 $^{40}$K 所致。这是因为 $^{226}$Ra 较其他放射性核素而言对人体的毒性最大，并且对幼儿更为敏感，幼儿大部分组织和器官正在快速发育期，镭的摄入会导致其在骨组织中积累，导致大量的剂量积累，严重时可能会导致骨癌，虽饮水量比少年组和成人组少，但风险值高于其他组；$^{40}$K 的活度浓度在 5、6 号采样点相对较低，K 是人类所必需的元素之一，其所致辐射剂量较小，既而所致风险也较小。

利用平均活度浓度所计算的各年龄组总致癌风险的各放射性核素的贡献率如图 5.5，图 5.6 所示。其中幼儿组与少年组的总致癌风险贡献最多为 $^{226}$Ra，分别占 47%、63%，成人组的总致癌风险贡献最多的为 $^{238}$U，占比为 47%；各年龄组总致癌风险贡献最少的均为 $^{40}$K，分别占 3%、1%、3%；放射性核素所致总致癌风险主要贡献因子为 $^{238}$U、$^{226}$Ra，二者同时贡献率高达 79%、92%、84%。

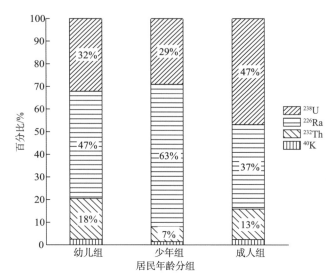

图 5.5　各年龄组总致癌风险的放射性核素贡献率

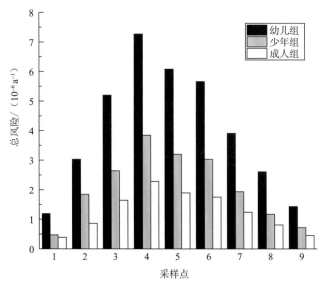

图 5.6　各年龄组放射性核素的总致癌风险

由图 5.5 可知，各点放射性核素所致的总致癌风险大小均是：幼儿组＞少年组＞成人组，由于各年龄组的呼吸系统、胃肠道系统和新陈代谢的速度的不同，导致了幼儿及少年对放射性核素的敏感较大，虽成人饮水量较大，放射性核素摄入量较多，但所致的总致癌风险较幼儿组和少年组低[23]。因为总致癌风险主要贡献因子为 $^{238}U$、$^{232}Ra$，且放射性核素含量在临水河上游至下游的空间分布上呈现先上升后下降的趋势，导致了各年龄组的总致癌风险分布上也同样出现先上升后下降趋势，在 4 号采样点处各年龄组总致癌风险达到最大值，分别为 $7.27 \times 10^{-6}$（幼儿组）、$3.84 \times 10^{-6}$（少年组）、$2.28 \times 10^{-6}$（成人组）。

# 参考文献：

［1］占凌之. 南方某铀矿山尾矿库周边水环境污染与评价［D］. 东华理工大学，2015.

［2］吴姗姗. 射阳河流域沉积物重金属环境地球化学研究［D］. 南京师范大学，2017.

［3］《地表水环境质量标准》（GB 3838—2002）.

［4］赵胜男. 乌梁素海重金属环境地球化学特征及其存在形态数值模拟分析［D］. 内蒙古农业大学，2013.

［5］冯源. 重金属铅离子和镉离子在水环境中的行为研究［J］. 环境与发展，2013，29（3）：87-93.

［6］周华. 沣河水体和沉积物重金属环境地球化学研究［D］. 陕西师范大学，2011.

［7］魏进. 乐安河干流河道重金属污染特征及风险评价［D］. 南昌：南昌工程学院，2016.

［8］戴纪翠，高晓薇，倪晋仁，等. 深圳河流沉积物中重金属累积特征及污染评价［J］. 环境科学与技术，2010，4：170-175.

［9］易秀，谷晓静，侯燕卿，等. 陕西省泾惠渠灌区土壤重金属地质累积指数评价［J］. 地球科学与环境学报，2010，32（3）：288-291.

［10］宫凯悦. 松花江哈尔滨段河流底泥重金属污染及内源释放规律研究［D］. 哈尔滨工业大学，2014.

［11］刘敬勇，常向阳，涂湘林，等. 广东某硫酸冶炼工业区土壤铊污染及评价［J］. 地质论评，2009，55（2）：242-250.

［12］Yi Y, Yang Z, Zhang S. Ecological risk assessment of heavy metals in sediment and human health risk assessment of heavy metals in fishes in the middle and lower reaches of the Yangtze River basin［J］. Environmental Pollution，2011，159（10）：2575-85.

［13］池源. 安徽铜陵地区土壤和河流沉积物重金属分布特征与污染评价［D］. 南京：南京大学，2013.

［14］苏耀明，陈志良，雷国建，等. 多金属矿区土壤重金属垂向污染特征及风险评估［J］. 生态环境学报，2016，25（1）：130-134.

［15］蒋经乾，李玲，占凌之，等. 某尾矿库周边水放射性分布特征及其评价［J］. 有色金属（冶炼部分），2015（11）：60-63.

［16］徐魁伟，高柏，刘媛媛，等. 某铀矿山及其周边地下水中放射性核素污染调查与评价［J］. 有色金属（冶炼部分），2017（7）：58-61.

［17］张春艳，王哲，高柏，等. 某铀尾矿库周边地下水中镭的分布与成因研究［J］. 有色金属（冶炼部分），2016（12）：60-64.

[18] 丁小燕，张春艳，高柏，等. 临水河放射性核素的分布特征及评价 [J]. 有色金属（冶炼部分），2017 (2)：59-62.

[19] 梁晓军，宋文磊，李建，等. 饮用水放射性污染现状及健康风险评价研究进展 [J]. 职业与健康，2015，31 (3)：417-419.

[20] 耿福明，薛联青，陆桂华，等. 饮用水源水质健康危害的风险度评价 [J]. 水利学报，2006，37 (10)：1242-1245.

[21] 曾光明，卓利，钟政林，等. 水环境健康风险评价模型 [J]. 水科学进展，1998 (3)：9-14.

[22] 齐文. 某铀尾矿区及下游河水水环境放射性污染特征研究 [D]. 南昌：东华理工大学，2016.

[23] 王志明. 长江水的使用所致流域居民剂量的估算 [J]. 中国环境科学，2000 (s1)：73-76.

# 第 6 章

# 铀矿山环境修复技术

铀矿山开采和冶炼过程产生大量的含有长寿命的$^{238}$U、$^{226}$Ra等天然核素的废石、尾矿和废液给矿区及周边生态环境带来长期的放射性危害。开展铀矿区放射性核素水土污染化学淋洗、植物－微生物修复、地下水原位化学修复和微生物修复和PRB修复等技术研究，是我国铀矿区核素污染治理计划的顺利实施提供重要的理论基础和技术保障。

## 6.1 铀矿区放射性污染土壤清洗技术

（1）放射性核素污染土壤淋洗药剂

以无机酸、小分子有机酸、螯合剂和生物活性剂为对象，遴选核素高效淋洗化学药剂。利用结构化学方法，对淋洗药剂进行改性、复配处理，提升淋洗剂修复效果，降低淋洗药剂对土壤理化性质影响，获取最优化学淋洗药剂。各类淋洗剂都有其独自的淋洗特性及其适用范围，各种类型的淋洗剂及其优缺点如表6.1所示。

**表 6.1 淋洗剂分类及其优缺点**

| 淋洗剂种类 | 相关举例 | 优点 | 缺点 |
|---|---|---|---|
| 无机淋洗剂 | 酸、碱、盐 | 高效率、低成本 | 土壤破坏大、不可再生 |
| 人工螯合剂 | DTPA、EDTA | 应用广、可回收 | 不可降解、毒性大 |
| 天然螯合剂 | 草酸、酒石酸 | 低成本、可降解 | 效果较无机淋洗剂差 |
| 表面活性剂 | 皂素、环糊精 | 前景好、可降解 | 高成本、产量小 |

沈威等[1]选取某铀矿区的铀污染土壤为研究对象，采用化学淋洗方法开展修复实验研究。根据污染土壤中铀在各粒级土样的分布情况，将污染土壤筛分为砂（0.25～2 mm）、细颗粒（<2 mm）等不同级别，进行振荡淋洗、土柱淋洗实验，通过改变淋洗剂种类、淋洗浓度、淋洗时间、液固比、淋洗温度和复合淋洗组合等影响因素。研究表明，在相同淋洗条件下，选用草酸、柠檬酸和酒石酸为较理想淋洗剂。适当提高淋洗浓度、液固比、时间和温度，并搭配较优的混合淋洗方式均可提升土壤中铀的去除效果[1]。

（2）放射性污染土壤淋洗修复技术关键影响因素及工艺流程

根据放射性污染土壤的pH、温度、淋洗剂浓度、反应时间、固液比和土壤性质等因素对不同化学淋洗药剂修复效果的影响，确定放射性污染土壤修复效果关键影响因素。在淋洗剂浓度为 0.5 mol/L、液固比为 10∶1、温度 25 ℃条件下，采用复合顺序（柠檬酸 4 h＋草酸 4 h）淋洗方式，土壤的砂与细颗粒部分中铀的去除率最高，分别为 77.03％、91.12％。酸淋洗法技术的处理流程，一般可分为前处理、萃取、淋洗分离、淋洗废酸再生或处理和后处理等 5 个步骤，如图 6.1 所示。

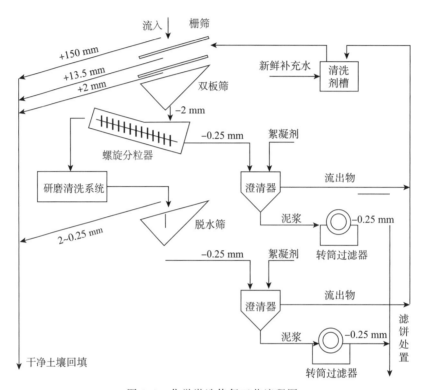

图 6.1 化学淋洗修复工艺流程图

# 6.2 铀矿区放射性污染土壤植物修复技术

## 6.2.1 矿山概况

某铀矿山 1988 年开始对矿床的浅部矿体进行露天开采，1992—1996 年期间开展了深部矿体的地浸采铀试验，2007 年开始进行深部资源回收和地表堆浸生产，2013 年按要求实施关停闭坑。采冶结束后遗留地表多处污染场地，主要包括水冶厂范围内的各生产设施工业场地和废石场、堆浸渣堆周围的被污染地面。污染场地的监测 γ 辐射剂量率均值为 $138.7 \times 10^{-8}$ Gy/h、氡析出率均值为 1.19 Bq/（$m^2 \cdot$ s），堆浸渣堆和废石场的表面氡析出率均超过了管理限值 0.74 Bq/（$m^2 \cdot$ s），表明场地受到了一定程度的污染。

## 6.2.2 矿区土壤污染现状调查

对矿区周边的菜地和矿区周边荒地土壤进行了调查，分别选取一块菜地和一块杂草丛生的荒地作为采样区，分别采集了菜地和荒地 $0\sim20$ cm 的表层污染土壤进行分析，对土壤的基本理化性质、铀和其他重金属含量进行了分析。结果如表 6.2 所示。

菜地土壤中铀的平均含量约为 5.8 mg·kg$^{-1}$，含量略高于江西省铀的土壤环境背景值，在土壤环境的自净能力下，土壤中的铀含量会有所降低。荒地土壤中的铀平均含量为 111 mg·kg$^{-1}$，远远超过江西省土壤中铀的环境背景值，土壤中其他重金属元素的含量普遍低于江西省土壤环境背景值，因此将荒地和其土壤中铀作为重点修复实验区场地和修复目标。

**表 6.2 矿区周边土壤理化性质和重金属含量** mg·kg$^{-1}$

| 单位 | 铀 | 铜 | 铅 | 镉 | 总铬 | 锌 | 汞 |
|---|---|---|---|---|---|---|---|
| 土壤环境背景值（江西） | 4.40 | 18.77 | 37.28 | 0.10 | 25.9 | 70 | 0.097 |
| 菜地 | 5.8 | 18.8 | 32.5 | 0.08 | 57 | 66 | 0.06 |
| 荒地 | 111.0 | 13.5 | 27.5 | 0.04 | 41 | 47 | 0.1 |

## 6.2.3 场地污染土壤原位修复

（1）修复植物筛选及螯合剂的选择

选用向日葵和印度芥菜作为本次研究的修复植物，从矿区现场采集污染土壤来进行室内盆栽实验，用不同浓度的螯合剂（柠檬酸铵、柠檬酸和 EDTA）来辅助植物修复，植物成熟收割之后，对植物体内的铀含量进行分析测定。研究结果表明 EDTA 和柠檬酸都容易对植物产生毒害作用，影响植物提取修复的效果，同时由于向日葵的生物量远大于印度芥菜，采用向日葵联合 7.5 mmol/kg 柠檬酸铵来进行场地原位植物修复。

（2）污染土壤原位植物修复

向日葵在生长 2 个月之后，向向日葵喷洒 7.5 mmol/kg 柠檬酸铵，在喷洒螯合剂两周后对向日葵进行收割，收割后的向日葵常温下晾干，于马弗炉中 300 ℃ 碳化 2 h，600 ℃ 灰化 4 h 制成植物样品，同时再将向日葵种植之前的对应的污染土壤过 100 目筛制成土壤样品，然后将处理好的植物样品和土壤样品送样分析，如表 6.3 所示。

表 6.3  污染场地植物修复效果（铀和重金属单位 mg·kg$^{-1}$，去除率%）

| 样号 | 铀（前、后、去除率） | | | 铜（前、后、去除率） | | | 铅（前、后、去除率） | | |
| --- | --- | --- | --- | --- | --- | --- | --- | --- | --- |
| 1 | 82.6 | 36.2 | 56.17 | 12 | 11.6 | 3.33 | 26.8 | 24.5 | 8.58 |
| 2 | 81.3 | 53.2 | 34.56 | 11.6 | 10.8 | 6.90 | 26 | 23.9 | 8.08 |
| 3 | 95.2 | 19.3 | 79.73 | 12.8 | 11.2 | 12.50 | 30.6 | 23.8 | 22.22 |
| 4 | 84.1 | 24.7 | 70.63 | 12.9 | 11.8 | 8.53 | 30.4 | 24.3 | 20.07 |
| 5 | 76.5 | 43.7 | 42.88 | 14.7 | 11.7 | 20.41 | 26.3 | 23.8 | 9.51 |
| 6 | 59.4 | 15.8 | 73.40 | 12.1 | 11.1 | 8.26 | 28.7 | 22.3 | 22.30 |
| 7 | 67.3 | 22.1 | 67.16 | 12.9 | 10.8 | 20.93 | 28 | 22.5 | 19.64 |
| 8 | 62.8 | 16.5 | 73.73 | 14.3 | 11.2 | 21.68 | 28.4 | 23 | 19.01 |
| 9 | 83.9 | 22.6 | 73.06 | 14.1 | 11.8 | 16.31 | 32.1 | 24.8 | 22.74 |
| 10 | 73.2 | 46.7 | 36.20 | 15.5 | 13 | 16.13 | 29.3 | 26 | 11.26 |
| | 镉（前、后、去除率） | | | 总铬（前、后、去除率） | | | 锌（前、后、去除率） | | |
| 1 | 0.12 | 0.07 | 41.67 | 31 | 29 | 6.45 | 39 | 36 | 7.69 |
| 2 | 0.12 | 0.08 | 33.33 | 31 | 29 | 6.45 | 41 | 37 | 9.76 |
| 3 | 0.17 | 0.09 | 47.06 | 32 | 31 | 3.13 | 41 | 38 | 7.32 |
| 4 | 0.2 | 0.08 | 60.00 | 34 | 33 | 2.94 | 41 | 38 | 7.32 |
| 5 | 0.24 | 0.11 | 54.17 | 62 | 25 | 59.68 | 47 | 42 | 10.64 |
| 6 | 0.23 | 0.07 | 69.57 | 38 | 34 | 10.53 | 45 | 37 | 17.78 |
| 7 | 0.21 | 0.07 | 66.67 | 34 | 24 | 29.41 | 46 | 35 | 23.91 |
| 8 | 0.22 | 0.05 | 77.27 | 39 | 32 | 17.95 | 43 | 37 | 13.95 |
| 9 | 0.21 | 0.06 | 71.43 | 38 | 32 | 15.79 | 45 | 42 | 6.67 |
| 10 | 0.18 | 0.11 | 38.89 | 41 | 34 | 17.07 | 43 | 41 | 4.65 |

在污染地块中，使用植物修复后，土壤中铀的平均去除率为 60.75%，铜的平均去除率为 13.49%，铅的平均去除率为 16.34%，镉的平均去除率为 56.0%，总铬的平均去除率为 16.94% 以及锌的平均去除率为 10.96%。

## 6.2.4  修复植物后续处理情况

利用向日葵修复污染地块后，向日葵体内铀、铜、铅、镉、总铬、锌的含量分别为 66.3～225 mg·kg$^{-1}$、30.1～80.6 mg·kg$^{-1}$、24.2～51.8 mg·kg$^{-1}$、4.19～

$17.25\ mg \cdot kg^{-1}$、$8\sim34\ mg \cdot kg^{-1}$ 和 $606\sim1740\ mg \cdot kg^{-1}$。不能采用常规的危废处理方式，将收割后的向日葵集中晾晒干后，将其碾碎并固化，然后送到某铀矿山尾矿库集中处理。

# 6.3　退役地浸铀矿区放射性污染地下水修复技术

常见的地下水污染控制与修复技术有抽出－处理技术、原位生物/化学修复、可渗透反应墙和原位曝气技术等。根据场地地下水污染特征，选择相应的经济和技术适用性术，是合理治理地下水污染关键。

## 6.3.1　铀污染地下水 PRB 技术研究

PRB 实际工程在欧美等应用较为广泛[2]，已超过 100 多个工程技术运用到实际污染场地的治理中。国内 PRB 研究处于初级阶段，工程实际应用的较少。针对江西某铀矿山尾矿库地下水特点，展开利用 PRB 技术修复地下水污染探索的研究。

（1）研究区水文地质特征

研究区内主要有第四系人工堆积填土，第四系冲洪积淤泥质土、黏土和含砾黏土层等，下伏全风化、强风化和中风化灰岩。黏土层在各钻孔中均有揭露，结构致密，厚度约 $1.4\sim3.6\ m$。区内地下水主要为承压水，主要含水层为含砾石黏土层以及板风化－全风化灰岩，埋藏深度为 $2.9\sim6.5\ m$。地下水 pH 为 $6.71\sim7.79$，溶解性总固体（TDS）为 $384\sim864\ mg/L$，平均浓度为 $569.50\ mg/L$。地下水阳离子以 $Ca^{2+}$ 为主，阴离子以 $SO_4^{2-}$ 和 $HCO_3^-$ 为主，研究区地下水水化学类型为 $HCO_3 \cdot SO_4\text{-}Ca$ 型。

地下水铀含量在 $103.01\sim366.24\ \mu g/L$，超过世界卫生组织规定饮用水中铀浓度（$30\ \mu g/L$）。放射性核素所致居民内照射剂量最高值为 $1.47\times10^{-4}\ Sv$，高于 2011 年世界卫生组织制定的《饮用水水质标准》辐射剂量限值的参考值（$0.1\ mSv$）。经PHREEQC 计算，地下水中主要污染物铀的形态主要为 $UO_2\ (CO_3)_3^{4-}$ 和 $UO_2\ (CO_3)_2^{2-}$络合物。

（2）PRB 功能材料吸附效果

实验结果表明沸石、阴离子树脂和活性炭 3 种吸附剂在去除水溶液中铀的过程均符合 Langmuir 和 Freundlich 吸附等温线模型，吸附动力学模型均符合准二级吸附速率模型。沸石和活性炭柱饱和吸附量分别为 $15.22\ mg/kg$ 和 $41.12\ mg/kg$，现场核素浓度符合对吸附材料性能要求。沸石和活性炭柱分别于 94 d 和 142 d 耗竭，而树脂柱运行198 d 后才开始检测出低浓度铀，未出现穿透状态。材料均充分吸附铀，达到 PRB 修复技术处理地下水的长效机制。符合工程条件和要求。

（3）模拟现场水动力条件组合材料去除铀效果

通过槽实验研究结果表明，进水铀浓度为 1 mol/L 时，模拟系统运行 1035 h 后出水铀浓度呈先降低后升高的趋势，最后的出水浓度维持在 0.30 mol/L；出水的 pH 维持在 6.57～7.58，与实际地下水 pH 相接近，不会带来酸碱的二次污染。铀槽中污染羽状体运移是层状均匀推进，多层反应墙体构建对天然地下水流动的扰动不大。

采用 3 种材料组合工艺修复地下水，水质中铀浓度符合 GB 23727—2009 标准，没有未堵塞等现象，模拟系统运行参数具有长期效果，PRB 工艺能够满足现场水化学条件和水文地质条件要求，模拟的可渗透反应墙可为野外 PRB 技术工程提供实验参考。

（4）污染地下水 PRB 修复系统设计

试验区内垂直渗流水流动方向挖取 3 道长 5 m，宽 2 m，深 7 m 的长方形沟槽，沿渗流水流动方向挖取 1 道长 17 m，宽 2 m，深 7 m 的长方形沟槽，在渗流水进入长方形沟槽的端口挖取 2 道长 4 m，宽 2 m，深 7 m 的长方形沟槽。在开挖好的沟槽四周填充一层黏土层及 3 层土工膜，模拟可渗透反应墙的帷幕装置，防止尾矿库渗流水向周边扩散。在垂直渗流水流动方向挖取的 3 道长方形沟槽内设置 3 堵可渗透反应墙，墙体均为长 5 m，宽 1 m，深 7 m，如图 6.2 所示。

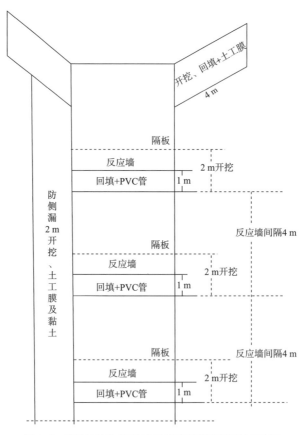

图 6.2　现场 PRB 修复试验场沟槽开挖平面示意图

（5）PRB 系统运行效果

在场地 PRB 系统开始运行后，为评估该修复技术对地下水污染的治理效果，在系统运行次年度的 9 月（丰水期）和 12 月（枯水期）对场地地下水样品进行了采集分析，结果如图 6.3 所示。

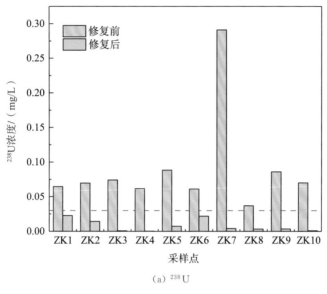

（a）$^{238}$U

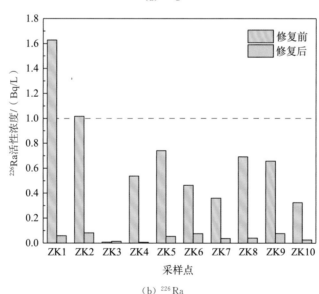

（b）$^{226}$Ra

图 6.3　修复前后场地地下水特征污染物浓度对比

注：图中虚线表示世界卫生组织（WHO）饮用水水质标准：$^{238}$U（30 μg/L），$^{226}$Ra（1 Bq/L）

根据修复前后 $^{238}$U 和 $^{226}$Ra 的浓度对比图可以看出，经过 PRB 技术一段时间的修复，地下水质量有了非常明显的改善，$^{238}$U 和 $^{226}$Ra 的浓度全都降低至世界卫生组织饮用水水质标准以下[3]。

### 6.3.2 异位－原位协同生物修复技术

以新疆某铀矿床酸法地浸采铀退役采区地下水为研究对象，通过调查与评价、水动力学条件试验、异位生物修复、位生物修复和异位－原位协同生物修复集成技术试验，建立"异位－原位协同生物修复"工艺。

（1）研究区地下水动力条件和污染现状

收集铀矿床地层岩性、地质构造、含矿含水层的埋深、厚度、边界和类型等地下水赋存条件及地下水环境监测资料，含矿含水层水体及浸出液化学组成和矿化度等数据，钻孔抽水试验、矿含水层渗透系数和储水系数等水文地质参数资料。采集地下水样品，分析其物理化学指标，测试水温、DO、ORP、pH、酸度、U、$NO_3^-$、$SO_4^{2-}$、$Cl^-$ 和总 Fe 等含量。查明污染物类型及其分布特征，同时进行微生物组成与种类分析。

（2）研究嗜酸性菌种（DNB/SRB）的富集分离选育及适应性

耐酸性菌种（DNB/SRB）的富集分离。从退役采区采集水样和岩芯样，铀矿山污染土壤，河底不同的生态环境广泛取样，富集分离 DNB/SRB 菌群，并利用分子生物学技术进行菌群结构分析。

研究 SRB/DNB 菌群驯化与组合。利用退役采区地下水对获得的菌群进行梯度驯化。经驯化后的菌群进行不同种类和优势度配比组合，以增加其鲁棒性，使处理系统在变化的废水及各种胁迫冲击下保持稳定运行，满足应用对处理系统的稳定性要求。

（3）原位处理技术

在 X 号采区新施工 18 个钻孔，按每单元为 4 注 1 抽设置 4 个单元并布置 2 个修复试验监测孔。注孔间距：长边 20 m，短边 14 m；抽注孔距：12 m。老钻孔为行列式：行间孔距 22 m，同行孔距 25 m。布置图见图 6.4。

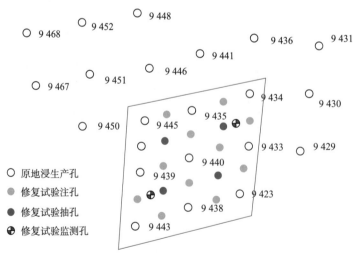

图 6.4　现场试验钻孔布置示意图（3 号采区）

现场人工强化原位生物修复，将所需添加的碳源按所选定的流量通过注液孔注入含矿含水层，进行人工强化的原位生物修复，处理效果以下游观测孔抽取水样分析结果为判断依据。修复区水体处理后达到以下指标：pH≥5.5，硝酸盐（以 N 计）≤30 mg/kg，硫酸盐≤350 mg/kg，U≤0.5 mg/kg，如图 6.5 所示。

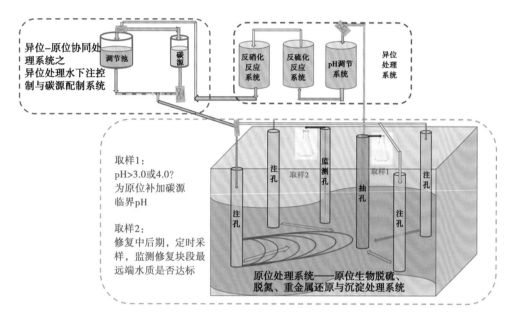

图 6.5　现场原位生物修复工艺示意图

（4）异位处理技术

异位处理工艺主要由 pH 调节单元、硫酸盐还原流化床单元和硝酸盐还原流化床单元 3 个部分组成。各单元的原水注入、碳源投加和碱度调节等过程均依靠蠕动泵或提升泵进行定量输送，反应时采用机械搅拌器搅拌混合，如图 6.6 所示。

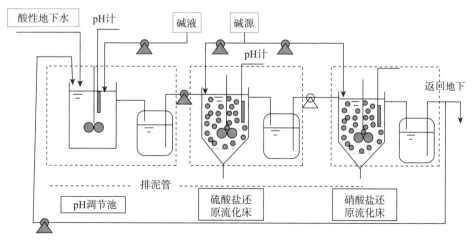

图 6.6　异位生物修复工艺示意图

异位处理工艺的启动及运行

①菌群批式扩大培养：建立菌种培养用反应器，自抽液孔抽取一定量地下水，经pH调节后与一定比例的自来水混合并注入菌种培养反应器。以前期培养驯化的菌种作为菌源，接种率控制在10%～30%，细菌接种后呈游离态。

②流化床批式挂膜阶段：将试验区地下水抽注到pH调节池进行pH调节，地下水pH满足进入生物反应器的条件后再将其注入生物还原流化床反应器，再按30%的接种率加入前期扩大培养获得的菌液，随后进行批式培养。

③流化床连续运行阶段：将试验区地下水抽注到pH调节池调节后，地下水pH满足进入生物反应器的条件后利用蠕动泵将其定量泵入硫酸盐还原反应器，硫酸盐还原反应器出水经中间调节池储存后再将其定量泵入硝酸盐还原反应器。硝酸盐还原反应器出水经调节池储存后再将其泵入试验区的注液孔，使其重新回到地下，利用出水中的碱度逐步提升试验区地下水的pH。

# 6.4　铀矿山场地修复技术发展方向

## 6.4.1　土壤污染新型淋洗处理技术

（1）污染土壤磁淋洗技术

借助FT-IR、XRD和XRF等表征手段探明放射性核素特异性高亲和功能基团，利用共沉淀法等技术研发放射性核素高吸附容量的磁性材料。通过单因素及响应曲面试验法筛选解吸剂、浸取剂、淋洗剂、离子交换树脂及沉淀剂，探究化学淋洗和铀分离纯化沉淀效果影响关键因素，明确重度放射性污染土壤清洗及核素资源化回收工艺参数，形成放射性污染土壤磁清洗技术体系。

（2）超声强化淋洗污染土壤技术

在化学淋洗铀污染土壤的基础上进行超声强化系统性研究，优化超声频率、超声功率和超声时间等对超声强化影响显著的参数，分析超声强化化学淋洗前后土壤中的铀形态变化和土壤基本理化性质的变化情况，研究超声波作用下不同类型淋洗剂的去除效果和机理，研究出放射性污染土壤超声强化清洗技术体系。

（3）放射性污染土壤清洗液铀分离纯化工艺

根据溶液中铀酰离子形态与浓度，选用不同类型离子交换树脂和淋洗剂（氯化物、硝酸盐、碳酸钠、碳酸氢钠）进行铀吸附—解吸联合试验，分析铀选择吸附性、吸附容量、吸附速率和解吸效率等关键指标，选择合适的离子交换树脂与淋洗剂，确定合适的淋洗工艺参数。从而优化设计预处理后的土壤淋洗液、有机吸附剂解吸液和无机矿物吸附剂浸出液制定相应的铀分离纯化新工艺。

## 6.4.2　土壤污染缓释螯合剂－微生物－植物联合修复新技术

（1）缓释载体、微生物和植物的选育

根据场地的土壤性质、气候条件和土著植物组成等，研制缓释螯合剂、筛选出放射性核素超富集植物和耐放射性核素微生物菌种，研究放射性核素超富集植物的种子保存技术和培养技术、微生物菌种的保种技术和培育技术。

（2）缓释载体－微生物－植物联合修复体系

强化植物根际微生物调控技术、微电场强化技术和螯合诱导技术等，提高植物生物量、增加植物富集量和缩短修复周期的作用。对选育缓释载体、微生物和植物进行组合，筛选出能高效去除土壤中放射性核素的"缓释载体－微生物－植物"联合修复体系。

## 6.4.3　地下水污染防控与修复

（1）地下水污染高精度刻画技术

场地高精度刻画是污染靶向防治的基础。调查诊断是地下水污染防治的前端任务，建立高精度三维刻画场地含水层和污染物分布技术体系。

（2）有效的径流阻断技术

有效的径流阻断技术是实现全面防控的关键。当前物理阻断材料抗侵蚀性和稳定性差、化学阻截反应材料寿命短、水力截获技术效率低等难题，阻断阻截材料以及水力截获技术是重要技术需求。

（3）基于原位的多技术耦合

单一修复技术无法满足复杂污染场地的复杂性及污染物的多样性，需大力发展多技术耦合，将物理、化学及生物的方法有效结合，从而高效解决地下水污染问题。

（4）绿色可持续修复技术

绿色可持续修复技术方法是修复行为环境效益的保障，不当的修复方式易造成严重的二次影响，亟须构建修复可持续性评估与绿色可持续修复方法体系，关注修复过程二次污染、能耗、资源消耗等对环境的次生干扰。超越只关注场地污染本身这一范畴，应用全生命周期相关理论及技术推动对修复行为可持续性及环境效益的评估。

新材料和模块化集成装备是实现绿色高效修复的根本。目前的修复材料和修复装备成本高、重复利用率低、功能单一且效果不稳定、易产生二次污染等问题，研制高效缓释绿色功能材料及可移动、模块化的协同修复装备是地下水修复发展重大方向。

（5）以风险管控为主的地下水污染治理模式

地下水修复难度大，易出现脱尾和反弹，如制定过于严格的修复目标，容易导致修复失败。探索切实可行的风险管控为主，修复治理与"过程阻断、长期监测、制度控制"的风险管控措施相结合的治理模式是优化决策[4]。

## 参考文献：

[1] 沈威，高柏，章艳红，等. 化学淋洗法对铀污染土壤的修复效果研究 [J]. 有色金属（冶炼部分），2019，11：81-86.

[2] 宋易南，侯德义，赵勇胜，等. 京津冀化工场地地下水污染修复治理对策研究 [J]. 环境科学研究，2020，33（6）：1343-1356.

[3] 李艳梅. 可渗透反应墙技术修复铀污染地下水实验研究 [D]. 东华理工大学，2020.

[4] 侯德义. 化工污染场地地下水污染防治技术研究及应用 [EB/OL]. https://www.sohu.com/a/402028208_756848.